日本の自然風景ワンダーランド

The mysterious topography, geology, and plants of Japan

地形・地質・植生の謎を解く

小泉武栄
Koizumi Takeei

ベレ出版

■1 野付岬
1 落石岬
2 夕張岳
1 大雪山
1 アポイ岳
2 駒ヶ岳
下北半島 2
3 種差海岸
1 是川縄文館
3 秋田駒ヶ岳
3 五葉山
高館山 2
3 金北山
4 磐梯山
5 茶臼岳
4 谷川岳
5 チャツボミゴケ
1 袋田滝
6 妙義山
7 2 8 6
▲7 国師ヶ岳
2 鳩ノ巣渓谷
▲8 御岳山
△6 玉川上水
3
4 荒崎海岸
7 大瀬崎
景ヶ島渓谷
6 神津島
4 八丈島

本書で取り上げるところ

■ 海岸
▲ 山
● 火山
● 渓谷・滝
△ 植物
■ 遺跡・湧水等

0 200km

はじめに

「センス・オブ・ワンダー」という言葉があります。自然の神秘や不思議さに目を見張る感性、という意味で、具体的にはチョウや甲虫の美しさ、海岸の小さな生き物、雨に濡れた緑の苔、地面に散らばった落葉、雪の結晶、流れ星などといったものに感動したり、驚いたりする感覚、と考えていいでしょう。これは実は、『沈黙の春』の著者、レイチェル・カーソンが書いた本のタイトルで（新潮社から一部の翻訳が出版されています）、こういった感性を持つ人を育てることは、私たち人間が自然に対する畏敬の念を持つ上で、きわめて大切なことだと考えられてきました。

さて突然、私自身の話になって恐縮ですが、私も中学生の頃まで昆虫少年でしたので、チョウやトンボの精密な写生をしたり、分布を調べたり、大きなヤママユガのついたコナラの枝を山からとってきて、自宅の池に刺して育てたりする、などということをやっていました。また小学生の頃は、田んぼの代掻き（しろかき）が始まると、水が溜まるにつれて畦（あぜ）からケラが慌てて飛び出してくるのが面白く、飽きずに見たり、捕まえたりしていました。また毎週のように川に釣りに行き、釣った魚は自宅の池に放して楽しんでいました。ただある日、池の魚が次々に傷だらけになるので、よく見たらナマズが他の魚を刺しているのだということがわかり、慌ててナマズを池から取り出した、などということもありました。陸上の隙間の多い礫（れき）の間に棲む大人のハコネサンショウウオを見つけたこともあります（サンショウウオは両生類なので、親は水から離れて生活するのです）。

私は雪国育ちなので、ある猛烈な吹雪のあった次の日のこともよく覚えています。夜が明けたら天気は一転して素晴らしい快晴となり、無風で気温は零下20度近くにまで下がりました。この朝は、あらゆる木の枝の先端から、スズメの羽毛のようなフワフワした白い霜の結晶が伸び、驚嘆すべき美を作っていました。こんなに繊細で美しいものはそれ以降、見たことがありません。

その後、高校生の時には苗場山に登って、平らな山頂に池塘(ちとう)がたくさんある風景に驚き、大学生になってからは、日本アルプスや東北の山々に登って、その風景に感動したりしていました。そしてそれが嵩じてとうとう、地形・地質から植物まですべてを含めた山の自然の研究者になってしまいました。したがって、小さい生き物の好きなカーソンとはだいぶずれますが、私もセンス・オブ・ワンダーを維持したまま、大人になったということができそうです。

さて、この本は長年にわたり、地理学者として活動してきた私が、ちょっとした旅行の際などに気がついた「風景の不思議」を取り上げ、その謎解きをしたものです。全国各地の53か所を選び、そこの風景がどのような不思議を持ち、それがどのようにしてできたかを私なりのセンスで推理しました。海岸、山、火山、渓谷、植物など6つのカテゴリーに分け、おおよそ北から南へと並べてありますが、どこから読んでいただいてもかまいません。取り上げているのは、おそらく読者の皆さんがほとんど気づかなかった現象だと思います。こんなこともテーマになるのだということをぜひ楽しんでいただきたいと思います。

この本全体のテーマは「頭を使った観光旅行をしよう！　そして人生を知的に楽しもう」ということです。山や海岸の地形・地質、火山、滝と渓谷、湧水、河川、森や植物、さらには寺や神社、古い街並み、棚田、土地利用……。こういった風景の中に不思議で面白そうなものを見つけ、それが「なぜ」そうなったのかを考える。まさにセンス・オブ・ワンダーの地理版といえましょう。

最近、私はスプリングクラブ（元・山遊会）の小池忠明さんに誘われ、各地の国分寺や一ノ宮を訪ねています。きっかけは武蔵国分寺を一緒に歩いていて、建物の礎石にチャートという硬い岩を使っていることに気づいたことです。まあ小池さんはもっと前からのようですが。その後、各地の国分寺を訪ね、礎石を見たり、周囲の地形を見たりして、それぞれの違いを探し、かつての国府はなぜここに国分寺を置いたのだろう、などと考えたりしています。また石見の国では、大田市のはずれの辺鄙（へんぴ）なところに立派な一ノ宮があり、それが古代に天皇家と並ぶ豪族であった物部氏の神社だったので、物部神社がなぜここに、という疑問が生じてしまいました。また、国分寺はいつどのようにして衰退したのだろう、ということにも興味を持ち、みんなで考えています。本業の歴史学者は多分、そんなことは考えませんから、かえって面白く感じます。

一方、三浦半島のような岩礁海岸では、たとえばフジツボが海岸のどこに付着しているかをよく観察したりしています。分布しているところとそうでないところがありますから、次は、そこは波が強く当たるのか、そうでないのか、岩はざらざらしているのか、つるつるしているのかなどと、フジツボの立場になっていろいろ観察し、考えます。すると、フジツボがなぜそこにあり、なぜそのすぐ隣にはないのか、というような理由がしだいにわかってきます。

こんな観光旅行は楽しく、謎を解くことで知的な満足も得られます。また野外では、時には岩が露出したような海岸や山を歩いたりもしますが、こんなささやかな行動でも、頭が活性化し、普段使わない身体を使いますから、それは健康で長生きすることにつながるのではないかと考えます。

ところで、謎解きの旅行といえば、ＮＨＫの『ブラタモリ』を思い起こす人も多いでしょう。坂道や河川、曲がった道路などを手掛かりに、その土地の生い立ちや人の営みなどについて推理し、解説してくれるという人気番組で、見ていて面白いし、勉強にもなります。タモリさんは地形や地質、地理などといった地味な分野に光を当ててくれたので、私は、この分野の一研究者としておおいに感謝しています。

さて、この本で私がやっていることは、いわばブラタモリの地形・地質にさらに植生を加えた、より広い分野の自然観察です。これまで自然観察といえば、ほとんどが植物や鳥、昆虫などの名前を教えてくれて、それでお終いでした。しかし私の自然観察では、植物がなぜそこにあるのかの謎解きを、地形・地質から行いますから、名前を教えてくれるだけの自然観察に比べてはるかに面白いと思います。しかしこんなことをやっている研究者は、私を含め、ごくわずかしかいませんから、残念ながらいつまでたってもマイナーな分野から抜け出せないでいます。この本に紹介されたことがらは、子供の自然教育や大人の社会教育、さらには自然保護にも役に立つはずです。皆さんには、こうした分野の面白さをぜひ周囲の方々に伝えていただければ、と思います。どうかよろしくお願いします。

小泉武栄

２０２２年７月

目次

第3章 火山

第4章 渓谷・滝

第5章 植物

第6章　遺跡・湧水など

第1章

海岸

1

北海道

野付半島のトドワラはなぜ生じたのか

トドワラとは立ち枯れたトドマツ林の跡。
幻想的な風景が見られたが年々消滅しつつある。

釣り針のような不思議な形をした半島

北海道東部の根室海峡に面したところに、野付(のつけ)半島という釣り針のような不思議な形をした半島がある（図1）。砂嘴(さし)の代表として地理の教科書にも登場するから、覚えている人もいるだろう。砂嘴というのは、鳥の嘴(くちばし)のような形をしているために命名された地形である。野付半島の場合、主に標津(しべつ)川によって海に運び出された土砂が、北からの沿岸流によって浅い海に堆積してできたと考えられている。

野付半島にはところどころ分岐した砂嘴があり、そこだけ砂嘴の幅が大きく広がっている（図2）。これは標津川の上流にある摩周火山や屈斜路火山から、ある

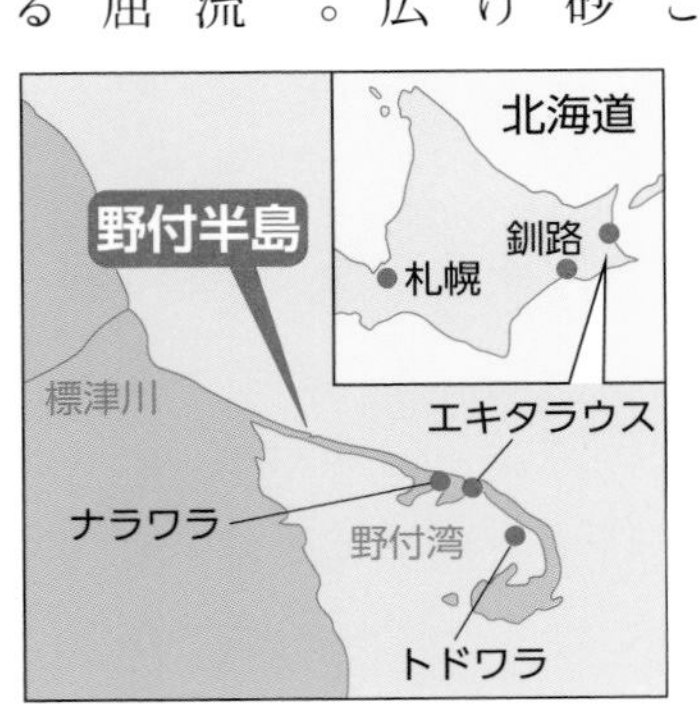

図1　野付半島

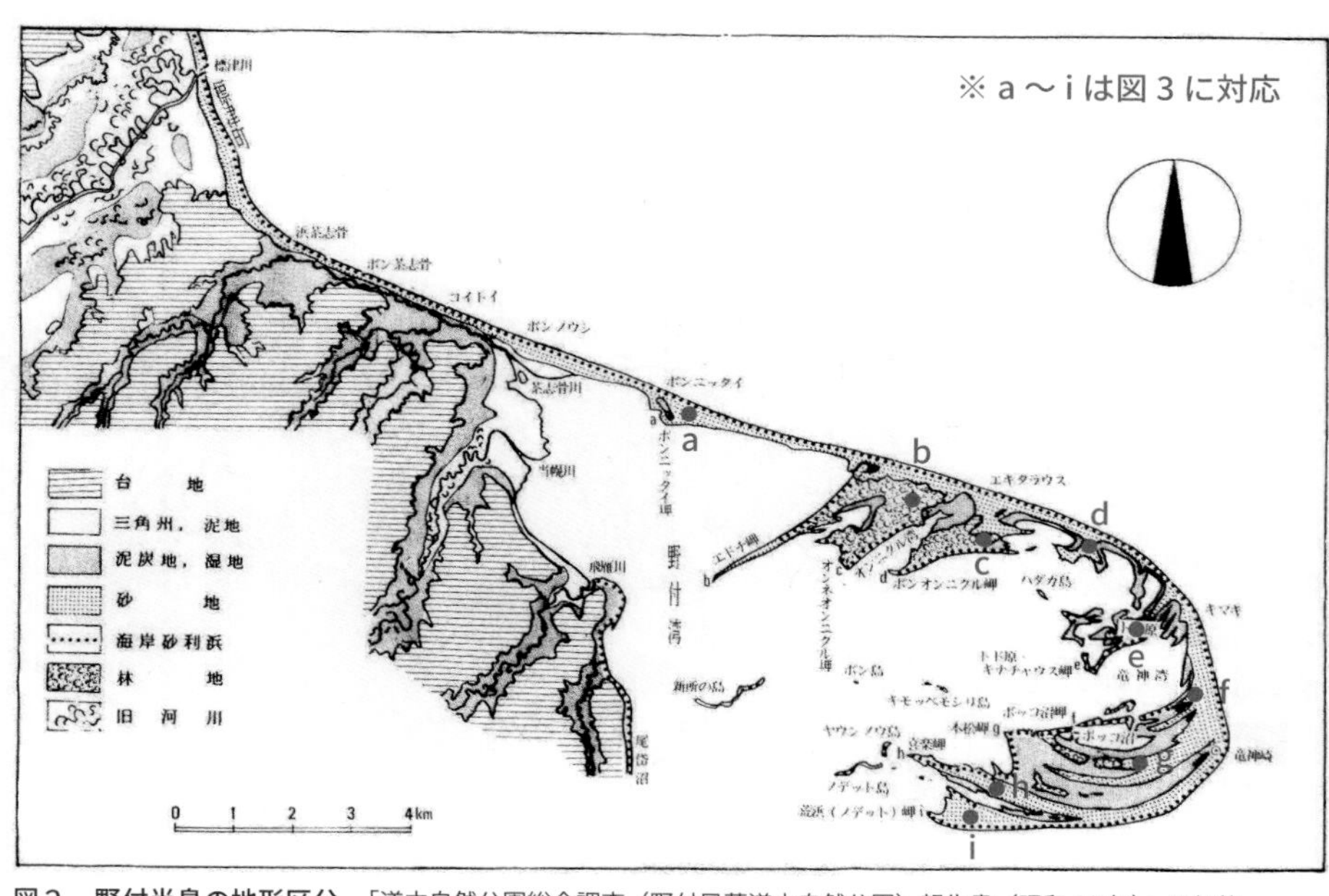

図２　野付半島の地形区分　「道立自然公園総合調査（野付風蓮道立自然公園）報告書（昭和62年）」に加筆

時期に大量に土砂が供給されたためで、砂嘴の幅が広いのは土砂の増加を反映したものだと推定されている。土砂の供給が増えると、それだけ砂嘴が広がるということである。

トドワラ：枯れて白骨化したトドマツの林

ところで、野付半島にはかつてトドワラと呼ばれる、枯れて白骨化したトドマツの林が続く名所があり、私も40年くらい前に見たことがある（写真1）。

２０１８年の夏、久しぶりに再訪したところ、白骨林はほとんど消滅し、砂嘴の先端部にのみ辛うじて残っていた。解説板によれば、枯れたトドマツの樹齢は100歳前後で、150歳から170歳のエゾマツを交え、いずれもよく育っていたが、おそらく地盤沈下によって塩害を受け、急に枯れたのだという。

ナラワラもあった

不思議なのは、長さ26㎞の砂嘴の半ばにあるエキタラウス付近の分岐砂嘴に、ミズナラやカシワが林を作っていることである（写真2）。海に面する林の一部は枯死してナラワラと呼ばれているが、林の奥の木は健全に育っている。そもそもトドワラには、なぜミズナラでなく、トドマツが生育したのだろうか。

砂嘴の高さの違いが大事だった

何か資料はないだろうかと探したところ、分岐砂州の年代と高さを調べた報告書が出てきた（図3）。それによれば、ナラワラのあるエキタラウス付近の分岐砂嘴（図2のb、c　図3では浜堤）の高さは3m、形成年代は2500年前となっている。一方、トドワラの砂嘴（図2のe）は高さ2m、形成年代は2000年前である。つまりトドワラの砂嘴ができた時、砂嘴の高さはナラワラのある砂嘴より1mほど低かったことになる。砂嘴を形成した当時の海水面の高さも、2500年前が1.5m、2000年前が0.5mとなっていて、1mの差がついている。

この違いの影響は大きく、高さ3mのナラワラ付近の砂嘴ではミズナラやカシワ、イタヤカエデ

写真1　わずかに残ったトドワラの白骨林　別海町観光協会提供

写真２　ミズナラの林（ナラワラ）

が生育したが、そこより１m低いトドワラでは、最初アカエゾマツが生育し、続いてトドマツが育つようになったと考えられる。

なぜこの違いが生じたのだろうか。おそらくトドワラでアカエゾマツが生育し始めた時は、地盤が低いため、土壌は湿性で塩分が含まれており、そこでは悪条件に強いアカエゾマツが生育したとみられる。しかしナラワラのできた時は地盤が１mほど高かったために、塩害は生じにくく、アカエゾマツの代わりにミズナラやカシワが生育したのだろうと推定できる。

そしてその後、地盤沈下の影響でトドワラは潮をかぶり、トドマツは枯死してしまったが、地盤の高い場所に生育していたミズナラはそのまま生き延びることができた。それが現在の姿である。

ちなみに野付半島の先端部は竜神崎と呼ばれ、幅２km、長さ４kmほどの大きい砂嘴になっている（図２のg、h）。この砂嘴は高さが3.5mもあり、これができた時の海水準も高さが２mくらいと高かった。形成されたのは800年から１２００年前、つまり「中世温暖期」にあたっている。世界的な気候と海面の変動が、ここの砂嘴の形成にも関わっていたというわけである。

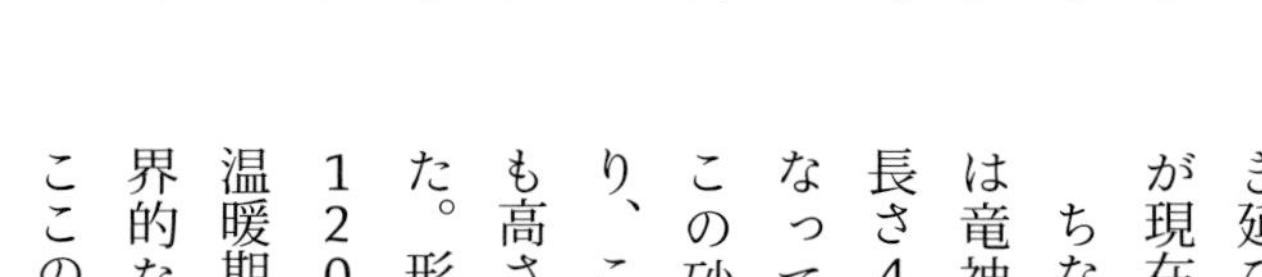

図３　3000年前から現在までの浜堤の高さと海水準の変化　「道立自然公園総合調査（野付風蓮道立自然公園）報告書（昭和62年）」より

2

青森県

マサカリのような下北半島の形はどうしてできたか

20万年前は二つの島だった下北半島。
刃と柄の部分はそれぞれ何でできている？

マサカリのような形

下北半島は本州の最北端にある半島である（図1）。仏ヶ浦の奇勝（写真1・2）や恐山（写真3）、マグロの一本釣りで知られる大間崎、草原と野生馬の尻屋崎、青森ヒバの森、会津藩の悲劇の跡、それに砂丘、渓谷、温泉など、さまざまな観光資源に富んでいて、現在は日本ジオパークになっているから、一度は訪ねてみていただきたいところである。

ところで、子供の頃、地図帳を見ていて、下北半島がマサカリ（斧）の形をしているので、なぜこんな形になったのだろうと、不思議に思ったことがある人はけっこう多いので

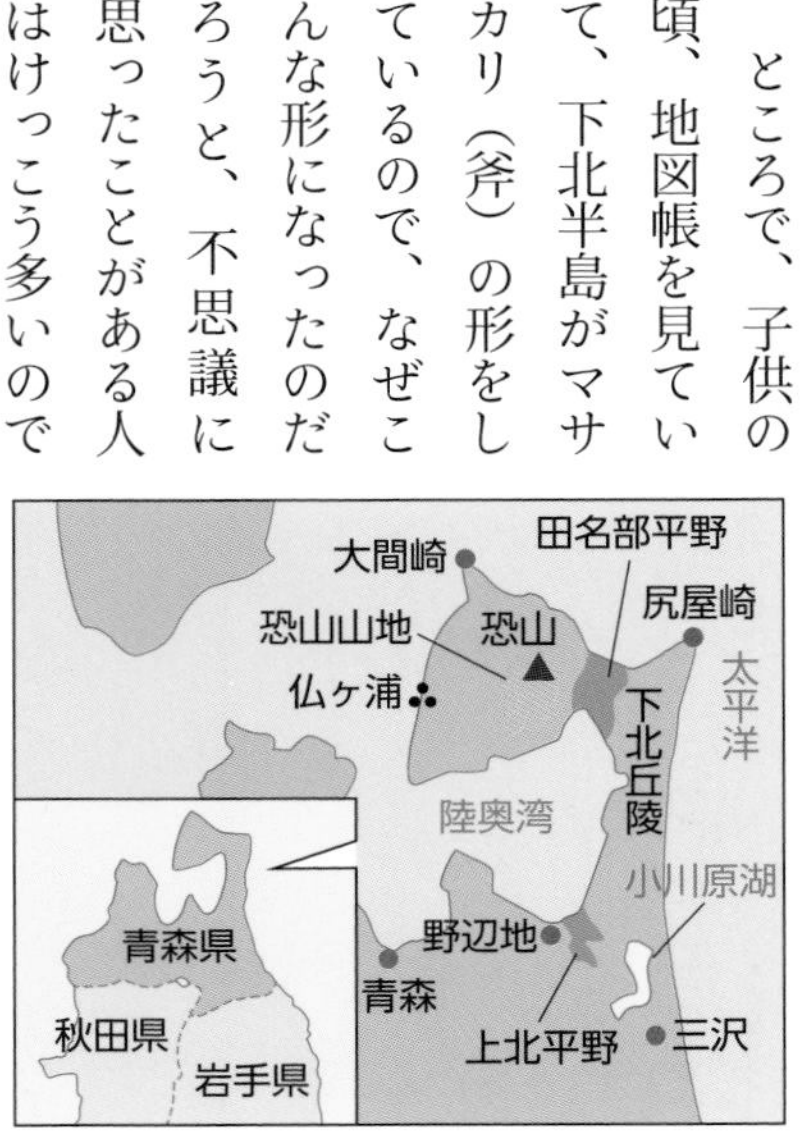

図1　下北半島

写真１　仏ヶ浦の奇勝１

はないだろうか。今回はこの形がどのようにしてできたかを考えてみよう。

恐山山地

下北半島では、マサカリの金属にあたる場所が恐山山地になっており、直線状の刃にあたる部分の中央に仏ヶ浦の奇勝がある。恐山山地は恐山（879m、図1）など三つの火山を中心とする山地で、これまでの研究によれば、80万年前には活動が始まっている。

半島の東北端にあたる尻屋崎には、2億年ほど前に堆積した古い地層がある。またマサカリの柄の北半分にあたる下北丘陵には、2000～3000万年くらい前の地層が露出している。尻屋崎と下北丘陵がいつ海面上に顔を出したか、よくわかっていないが、下北丘陵は最高点が標高500mを超えているので、隆起の速度から推定すると、100万年より前になりそうである。

写真２　仏ヶ浦の奇勝２

柄の部分は砂州

一方、マサカリの柄の南半分にあたる部分は主に砂州や砂丘からできており、三沢市の北にある小川原湖などは、縄文時代には海だったことがわかっているから、形成年代はごく新しいだろうと推定できる。

小川原湖の北西にあたる野辺地付近には、海成段丘が何段も発達していて、火山灰から形成年代が明らかにされている。それによれば、上北平野の形成はおよそ40万年前に野辺地の東から始まり、33万年前や20万年前の海面の高い時期に砂州が大きく北に延びたとみられている。

20万年前の下北半島

20万年前の陸地の配置を推定してみると、図２のようになる。下北半島はまだ二つの島に分かれており、その間を西からやってきた海流が縦

写真３　恐山神社

横に流れていた。恐山山地の西側は強い海流に侵食されて、仏ヶ浦のような切り立った断崖が続く直線状の海岸になった。断崖を作る地質は、１５００万年前に堆積したグリーンタフ（緑色凝灰岩）である。

その後、13万年前の海面の高い時期に、二つの海峡を埋めるように砂州が延びた。それによって田名部平野は陸地となり、下北丘陵も野辺地から延びてきた砂州とつながって、マサカリの柄ができた。マサカリの形成は新しそうに見えるが、意外に古い時代にまで遡るのである。

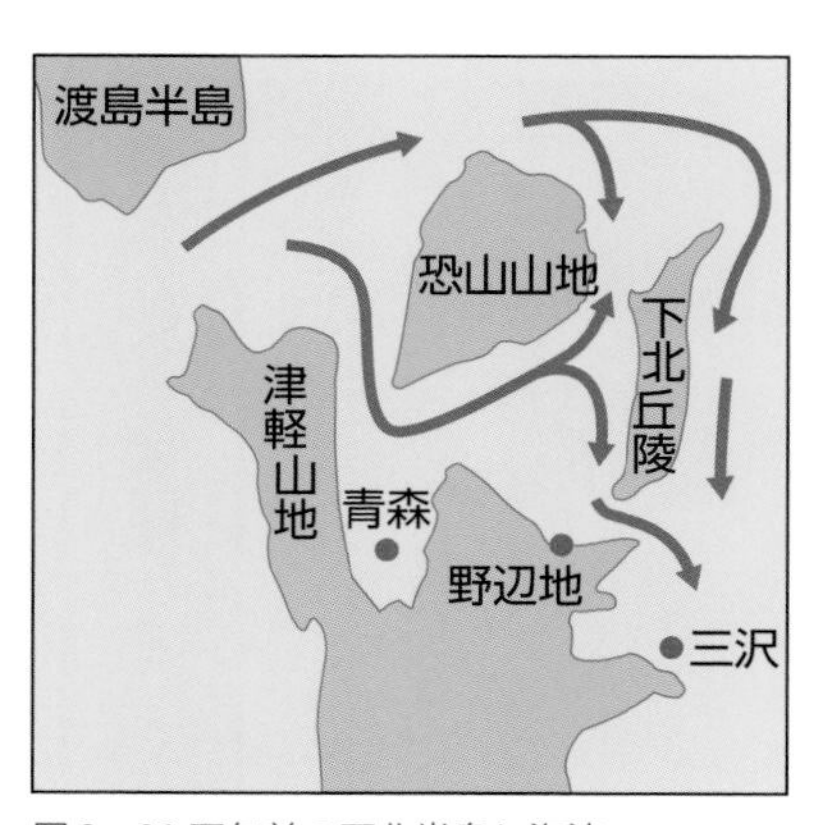

図２　20万年前の下北半島と海流

3

青森県

草原の美しい種差海岸

草原のなだらかな斜面は
いったいどのようにしてできたのだろうか？

美しい砂丘と草原

種差海岸は青森県八戸市の東にある景勝地である（図1）。三陸復興国立公園の北端にあたる。ウミネコで知られる蕪島から南に延びる海岸を指すが、その中心は「種差天然芝生地」と呼ばれる美しい草原で、種差海岸といえば、通常はここを指す（写真1）。草原は鎌倉時代にはすでに馬の放牧場として利用されていたといい、芝生にはかつて柵を立てていた畝状の高まりや溝の跡が何列も確認できる（写真2）。現在も適度に刈り込みを行っているため、野草や高山植物が豊かで、ニッコウキスゲやエゾフウロ、スカシユリなどの花が私たちの目を楽しませてくれる。

司馬遼太郎は『街

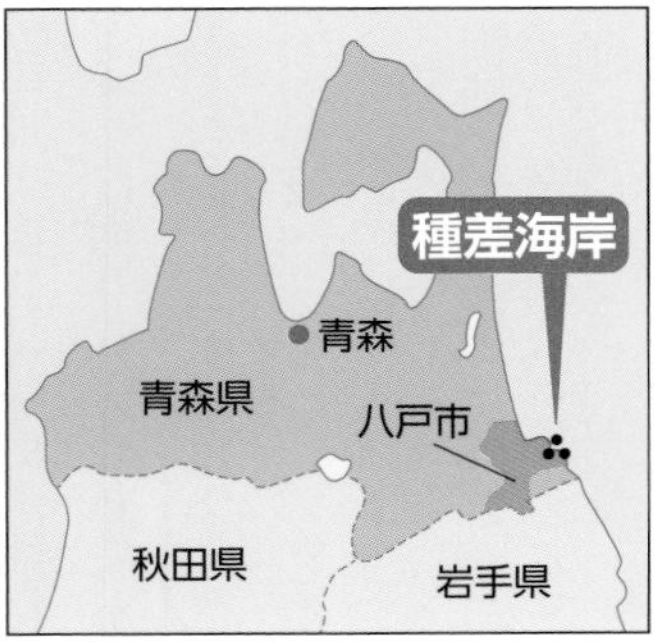

図1　種差海岸

写真１　種差海岸の草原

写真２　畝状の高まり

道を行く　陸奥のみち』の中でここの芝生の美しさを褒め、「どこかの天体から人がきて地球の美しさを教えてやらねばならないはめになったとき、一番にこの種差海岸に案内してやろうとおもったりした。」と書いた。その文章は解説板になって地元の人たちに感謝されているが、他にも何人もの文人墨客や画家の東山魁夷などが訪ね、鳥瞰図絵師・吉田初三郎はここに別邸を構え、活動の拠点にしたという。

なぜここに砂丘が?

ただ、草地を歩いていて、私は何となく妙な感じを受けた。ここに砂丘ができたことが不思議に思えたのである。草地になっているなだらかな斜面は海面より20ｍほど高く、その原形は砂丘だと思われる。しかし、ここになぜ砂丘ができたのかと考えると、急に謎が深まる。海岸には玄武岩質の岩がそそり立っており（写真３）、現在、海から砂の供給があるようには見えない。そもそも三陸海岸は沈水した（海面の上昇で陸地が沈むこと）リアス海岸だから、砂浜海岸はわずかにあるものの、砂丘自体が存在せず、あるのはごく限られた場所だけなのである。

なんと軽石が

人の踏みつけによって草地が削られ、黒土が現れたところがあったので、その下の表層物質を観察してみた。すると、砂ではなく、銀色の細かい軽石が現れた（写真4）。軽石というのは大きな噴火の噴出物で、ガラス質の鉱物を多く含む。シラス台地のシラスが代表的な軽石である。野外で見つかる場合、かなり遠くから飛んできたものであることが多い。そこで、供給源となった火山を推定してみると、60kmほど真西にある十和田火山が浮かび上がってきた。種差海岸は十和田火山の真東にあり、軽石が西風に乗って飛んできて堆積するにはちょうどいい場所に位置している。

調べてみると、十和田火山では平安時代の915年に大きな噴火があったことが明らかになっている。大きな十和田カルデラ本体ではなく、カルデラの内部にできた小さいカルデラ（中湖（なかのうみ）カルデラ）から噴火したもので、小さいカルデラはこの時の噴火でできたという説もある。噴火は「十和田火山平安噴火」とか、火山灰層に基づいて「十和田a噴火」、あるいは「915年噴火」と呼ばれており、歴史時代に入ってから以降は、日本最大の噴火だったとみなされている。なお中湖カルデラは、現在、カルデラ壁の北端が切れて北に延びる2本の半島に変化している。

さて、ここまで飛んできた銀色の軽石は、陸上ではそのまま堆積したが、海に落ちた軽石は水に浮き、風に吹き上げられて陸に戻され、砂丘を作ったとみられる。その後、砂丘には草が生え、鎌倉時代には牧（牧場）になった。つまり形は砂丘だが、それを作ったのは海岸の砂ではなく、遠くから飛んできた軽石だったのである。

なお、銀色の軽石の下には赤く風化した別の軽石が埋もれている。十和田火山ではおよそ6200年前にもっと大きな噴火があり、「中掫（ちゅうせり）軽石」という軽石を噴出している。量的にはこの軽石のほうが多く、この軽石が飛んできて堆積し、砂丘の主要部ができたとみられる。

写真3　海岸は岩場になっている

写真4　細かい軽石の地面

4

神奈川県

三浦半島・荒崎海岸と毘沙門湾 千畳敷の侵食地形

段差の大きい海岸と平坦な広い海岸、
同じ地層なのに両者の違いはなぜ現れたのか？

地震のたびに隆起

東京湾の入り口に突き出した三浦半島と房総半島。この二つの半島では、１９２３年の大正関東地震や１７０３年の元禄関東地震など、付近を震源とする大地震が起こるたびに、半島の先端部は１ｍから５ｍも隆起してきた。その結果、房総半島先端の野島崎や三浦半島先端の城ヶ島などでは、隆起の繰り返しによって、何段もの段丘状の平坦面（かつての海食台）が生じている。

図１　荒崎海岸と毘沙門湾

大きな起伏はなぜできた？

一方、そのような平坦な地形面上には、よく

写真１　荒崎海岸

見るとその後の侵食によって、高さ２ｍから３、４ｍに達するような高まりができていることもある。なぜそれほどの起伏ができたのかを考えると、海岸の侵食地形にもなかなか興味深いものがある。

今回はもっぱら三浦半島を取り上げるが、私が見ていただきたいのは、半島南部にある海岸２か所である（図１）。一つは荒崎海岸、もう一つは城ヶ島と剱崎のちょうど中間くらいにあたる、毘沙門湾という小さな湾にある千畳敷と呼ばれているところである。

初めに荒崎海岸から見てみよう。荒崎海岸は、高さ１ｍくらいもある、黒い色の帯状の高まりが長く延び、黒い帯に挟まれた白色の凹みとの間に大きな段差を作っている（写真１）。日南海岸の「鬼の洗濯岩」の起伏を何倍にもしたような形で、文字通り、荒々しい地形である。

このような地形ができたのは、一口に言ってしまえば、黒い色の地層が硬く、白い色の地層が相対的に軟らかいということに原因がある。

写真２　毘沙門湾の千畳敷

岩が硬いとはどういうことか

ただ、物事はそう簡単ではない。これまでの地形学者による研究によれば、白い岩と黒い岩について、実験室に持ち帰って水や砂粒を高圧で吹き付けたりして摩耗実験を行ったところ、予想に反して、出っ張っている黒い岩のほうが摩耗が激しかった。このため、別の理由を考える必要が出てきたのである。

そこで研究者が注目したのが、海岸にある岩は普段は乾いているが、雨が降れば濡れ、満潮の時や台風が来た時なども波に浸ったり、濡れたりするということである。つまり、海岸の岩は濡れたり乾いたりを繰り返しているわけである。そこで今度は、岩石を濡らしたり乾かしたりする実験を繰り返し、岩石の変化を調べてみた。すると黒い岩はほとんど変化がなかったが、白い岩は濡れると堆積が0.5％ほど膨張し、乾くと縮小するという変化を繰り返していることがわかってきた。

写真３　岩盤を切る断層

この実験から、白い岩は膨張と収縮の繰り返しによって表面にひびが入り、そこに波が当たると岩片が剥ぎ取られて表面が低下するのだろうということが推定できた。このようにして、この海岸の大きな起伏の原因について新しい説明が可能になったのである。

平坦な千畳敷海岸

次にもう一つの海岸、毘沙門湾の千畳敷について考えてみよう。こちらは写真２に示したように、平坦な地形が遠くまで広がり、千畳敷という名前の通り広々とした海岸が生じている。地質の調査によれば、ここも荒崎海岸と同じ地層でできている。両者の地形の違いはなぜ生じたのだろうか。

この写真を見た人はすぐに気がついたと思うが、こちらの海岸では黒い地層が薄く、ほとんどが白い色の地層からなる。つまり、硬くて出っ張る部分が少ないため、全体の起伏が小さくなったのである。

写真4　断層でずれた地層

地質調査によれば、この黒と白の地層が交互に堆積した地層は三崎層と呼ばれ、付近の海底で1200万年前から830万年くらい前に堆積したものである。ただし火山活動が活発になった時は、主に黒い色の火山性の砂礫（玄武岩質スコリア）が堆積し、静穏な時は白い色の砂や泥が堆積した。その結果、白黒の縞模様ができたのである。

当時、噴火は激しくなったり、穏やかになったりを繰り返し、それに応じて三崎層の中の黒スコリアの層の厚さや粒の大きさも変化した。つまり、当時の噴火の強弱が、現在の二つの海岸の違いをもたらしているわけである。荒崎と千畳敷を併せて観察することによってこうした面白いこともわかってくる。

断層にも注意を

海岸を歩いていると、岩盤に割れ目が入っているので、次はこれについて見てみよう。

割れ目には、幅数mmしかない細いものもあれば、断層起源の数cmから数十cmもある大きいものもあり（写真3・4）、後者の場合、波による侵食を受けて、深さ1、2mもあり、長く続く溝を形成することが多い。溝の方向と最初に紹介した黒い色の高まりは合っていないが、なぜなのかを考えてみよう。

フジツボの付き方にも違いが

写真５　岩場に生息するクロフジツボ　富士山形の出っ張り

荒崎海岸や毘沙門湾では、波が当たる岩場にフジツボ（写真５）やカメノテなどの海岸の動物が生息している。潮の満ち干きに伴って海岸の岩場は、海水に隠れたり、空気にさらされたりを繰り返すが、この部分を潮間帯と呼んでおり、フジツボなどはここに生息している。波打ち際にある高さ２ｍ、３ｍくらいの岩場を探し、海面からの高さによってフジツボの分布の仕方がどう変化するか、調べてみよう。また、普通に見られる直径２㎝くらいのフジツボをクロフジツボというが、これ以外の小さなフジツボがあったら、それがどんな場所に生息しているか、調べてみよう。

次に、もう少し広い範囲を見渡してみよう。波打ち際を広く歩いてよく観察すると、クロフジツボがある岩場とない岩場があるのに気がつくだろう。その違いは何に原因があるのか、考えてみよう。答えは敢えて書かないので、同行した人たちと議論していい答えを導いていただきたいと思う。

島根県

5

隠岐ノ島 豪壮な地形と特異な植生

なぜ群雄割拠のような森林分布になったのか？

隠岐ノ島は島根半島の沖合、50kmほどの日本海に浮かぶ島である（図1）。この島は後鳥羽上皇や後醍醐天皇が流された流人の島として知られるほか、日本列島と朝鮮半島を結ぶ島としての古い歴史があり、闘牛の島としても有名である。しかしもっと魅力的なのは、日本最古の地質や豪壮な地形、特異な動植物の分布にあると、私は考えている。隠岐は国立公園であり、ユネスコ世界ジオパークにもなっていて、自然が素晴らしい。

豪壮な海食崖

見どころの第一は海食崖である。冬の季節風による波の侵食によってできた、高さ100mを超す豪壮な崖が各地にある。島前（どうぜん）の国賀（くにが）海岸が代表だが（写真1）、

図1　隠岐ノ島

写真１　国賀海岸

写真２　知夫の赤壁

写真３　焼火神社

「知夫（ちぶ）の赤壁（せきへき）」では、600万年前の噴火で堆積した火山性の赤い岩屑の層が露出しており、その中央に当時の火山の火道（マグマの通り道）の跡が見える（写真2）。火道の断面がそのまま見えるのは、世界でもここだけであろう。

島前の三つの島は、かつてお供え餅のような形だった島の中央が陥没してカルデラになり、その後、その中央に中央火口丘・焼火山（たくひやま）ができたものである。山頂にある火砕岩には大きな割れ目洞窟ができており、それにはめ込むように、焼火神社が作られている（写真3）。この神社は、現地で測量と設計を行い、それに基づいて京都の大工が組み立て、それをいったん解体して隠岐ノ島に運び、現地で再度組み立てたのだという。手のかかっていることに驚かされる。

写真４　ダルマギク　小池忠明氏提供

大陸のかけら

一方、島後と呼ばれる、ほぼ円形の大きな島には、別の自然がある。島の東部にある大満寺山には、片麻岩という「大陸のかけら」といってよい岩が分布する。これは日本列島がまだ大陸の一部だった頃にできた古い岩石で、日本列島が大陸から分かれて移動した際に、日本海の途中に取り残されたものだと考えられている。

島の北端にあたる久見海岸には、550万年前に噴出した流紋岩でできた白い崖があり、そこにダルマギクが多数生育している（写真4）。花が美しいので、それを見るためだけに隠岐を訪ねる人もいるほどである。この崖の裏手には黒曜石の産地があり、先史時代から利用されてきた。ここの黒曜石は朝鮮半島や沿海州の遺跡からも発見されている。

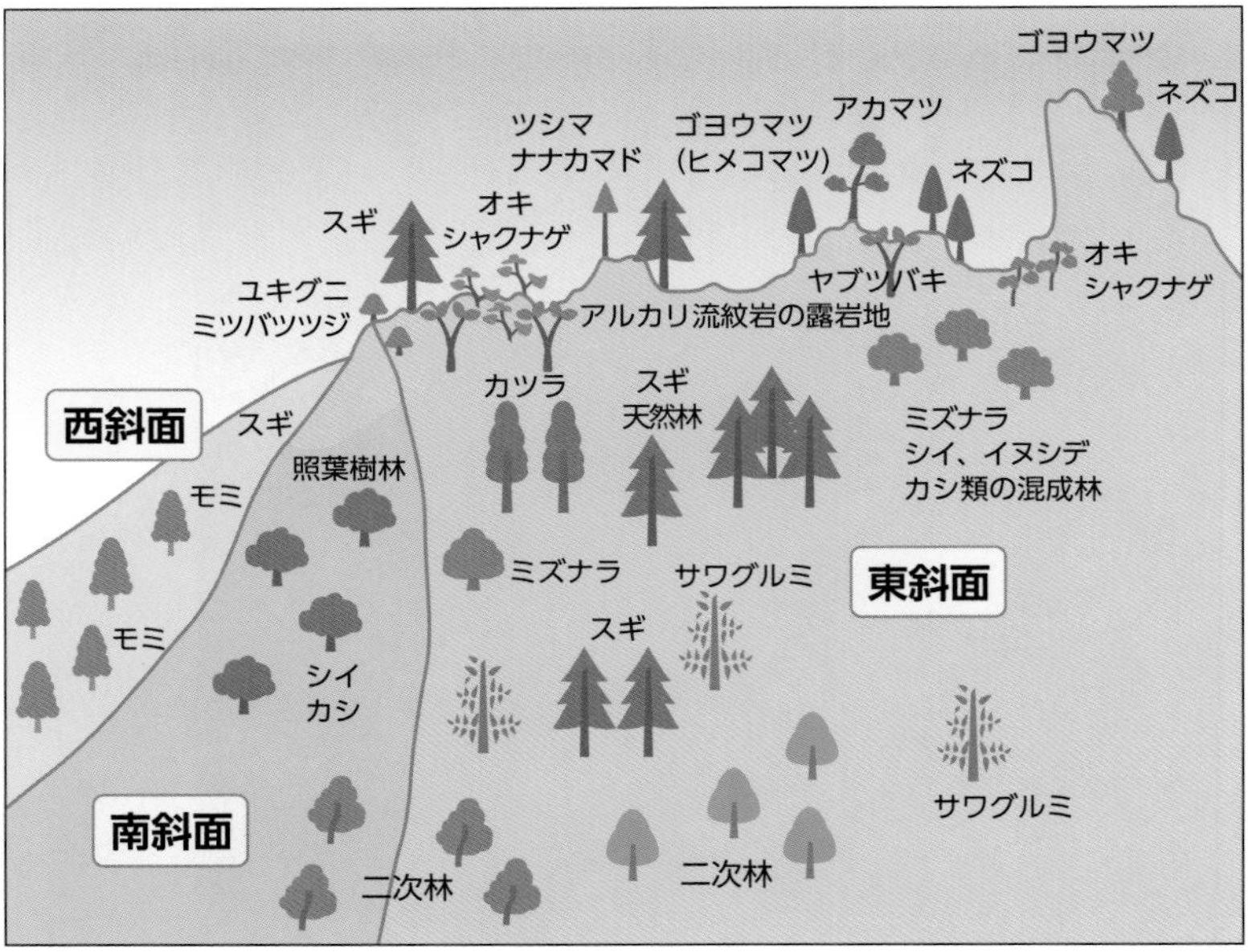

図２　斜面の向きによって森林の種類が違う

ブナがない不思議

動植物の分布も面白い。２万年前の氷河期には北欧や北米に大陸氷河が広がり、その分、海面が130ｍくらい低下した。このため瀬戸内海は陸化して、四国と本州は陸続きとなり、隠岐も島根半島から延びる大きな半島になっていた。その時に北方から伝播してきたのが、オオイワカガミやハマナスなど、北海道に本拠地を持つ植物である。イワデンダというシダもある。久見海岸には高山植物のシロウマアサツキが生育しているが、これもそうであろう。逆に、氷河期が終わってから対馬暖流によって運ばれてきた、ナゴランなど南方系の植物もある。

島の最高峰は大満寺山（608ｍ）で、この山では不思議なことに、斜面の向きによって森林の種類が違っている（図2）。南斜面にはスダジイやウラジロガシといった照葉樹にコナラなどの落葉樹が混じり、北・東斜面にはサワグルミやカツラ、ミ

写真５　オキシャクナゲの花

ズナラといったブナ帯の樹木が生えている。西斜面ではスギと中間温帯林とされるモミが育ち、岩がちな尾根筋にはゴヨウマツやネズコといった針葉樹が生え、きれいな花をつけるオキシャクナゲ（写真５）やヤブツバキが混生している。何とも奇妙な分布である。

これについて私は次のように考えている。氷河期が終わると気候が温暖化し、南下していた植物は北上を始めた。しかしブナは、氷期には寒冷な気候のために四国山脈辺りまで南下しており、移動の遅いブナがゆるゆると北上して島根半島に着いた時、隠岐はすでに海面上昇によって離島化していた。そのためブナは結果的に隠岐ノ島に渡れなかった。その結果、隠岐にはブナのような極相の森林を作る強い植物は存在せず、結果的に群雄割拠のような現在の森林の分布ができた。

この説は、氷期の隠岐の堆積物について行われた花粉分析の資料からブナの花粉が出ないことに基づいているので、おそらく間違いではないであろう。

長崎県

6

対馬・浅茅湾多島海はなぜ生まれたのか

多島海の正体は、侵食されてできた「ケスタ地形」。

対馬は対馬海峡に浮かぶ南北に細長い島だが、よく見ると、真ん中よりちょっと南に下がった辺りでくびれ、実質的には二つの島に分かれている（図1）。そのくびれたところの西側にあるのが浅茅湾である。ここはたくさんの島が並び、風光明媚な海となっていて（写真1）、日本を代表する多島海といってよい。ここには、なぜ浅茅湾ができたのか、という問題と、なぜ多島海になったのか、という二つの問題がある。両者を分けて考えてみよう。

なぜ浅茅湾ができたのか

対馬の基盤の地質は、2000万年くらい前に堆積した、対州層群という海成層で、主に粘板岩や泥岩からなる。当時、日本列島は朝鮮半島の東側に位置していたが、

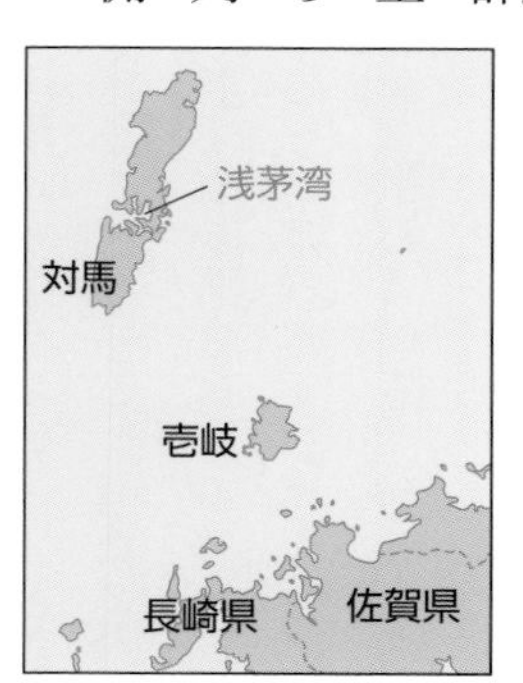

図1　対馬

写真１　浅茅湾

その後、西日本は時計回りに、また東日本は反時計回りに回転し、跡に日本海ができた。その際、対馬は西日本の回転の軸となったが、その後、南東側から押されて北上し、今の位置に落ち着いた。そしてさらに隆起して地塁山地となったという。ただこの説明では、対馬島の成因は説明できるが、浅茅湾がなぜできたかは説明できない。

地質図（図２）を見ると、北島では対州層群が、北から上部層、中部層、下部層の順番に配列している。ところが南島を見ると、浅茅湾のすぐ東の塩浜付近に上部層があり、その南の万関瀬戸（まんぜきせと）付近に中部層があって、その南に下部層が分布している。つまり、浅茅湾付近から南では、北島の北部と同じ地層の配列が生じているのだ。これをどう考えるか。

私は、南島はかつて北島の東側にあったが、そのうちに両者の間に右横ずれ断層が生じたため、南島が斜めに南下して現在の位置に到達したのだろうと考えた。こう考えると、対馬全体の地質の配列も浅茅湾の形成もうまく説明できる。どなたかこの説の当否を検討していただければ幸いである。

多島海のでき方について

浅茅湾の多島海の成因は、海面上昇による海岸地域の沈水とされている。それはその通りだと思うが、ここの多島海は、島が点々と浮かんでいるよその多島海とは異なり、島の密度がきわめて高い。また2万5000分の1地形図を見ると、ほとんどの島が南北方向に延び、長方形をしている。なぜこうなったのだろうか。

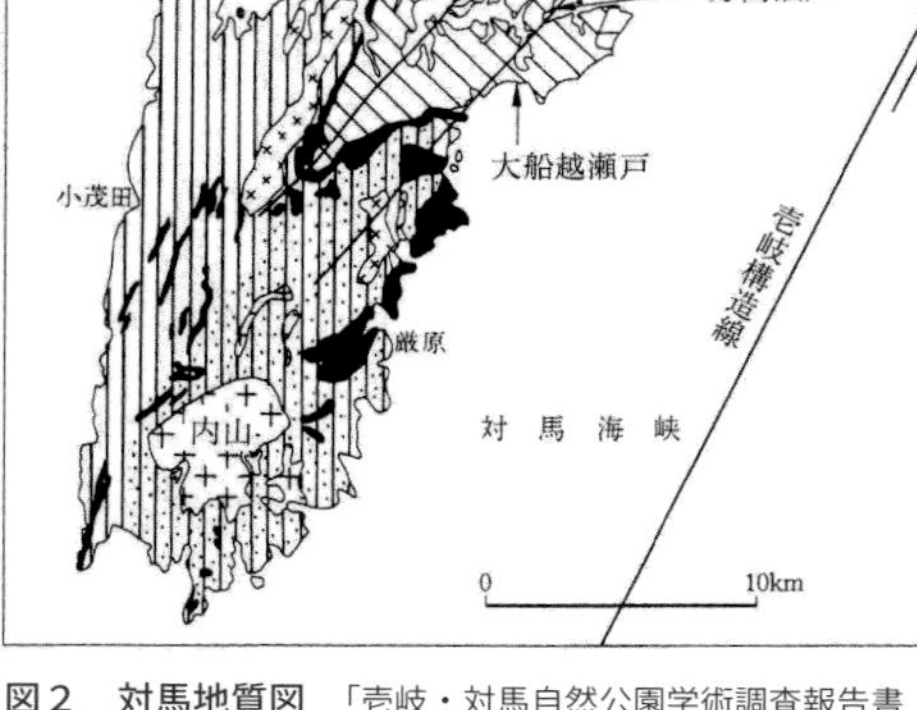

図２　対馬地質図　「壱岐・対馬自然公園学術調査報告書（1965年）」より

遊覧船の上から見ると、島には非対象の斜面形を示すものが多い（写真2）。これはケスタ地形だろうと直感したので、私は西の仁位浅茅湾

写真２　非対称になった山並み

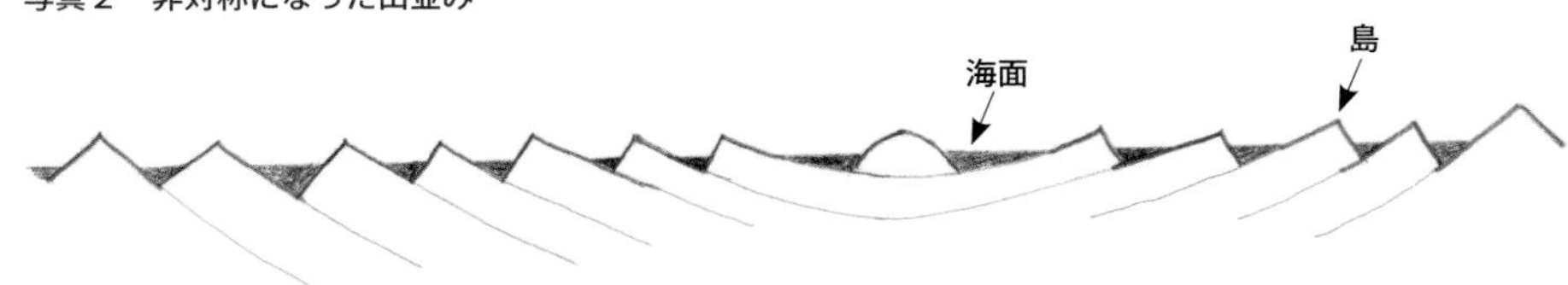

図３　浅茅湾の非対称な島の形成

から漏斗口を通って竹敷港に至る遊覧船から地層の傾斜を観察した。そして最初、東に傾いていた地層が鼠島付近で水平になり、その後、逆転して西に傾くように変化することを確かめた。

浅茅湾では、氷期のような海面が低下した時期に、地層の向斜構造が侵食されてケスタ地形ができ、それが海面の上昇で沈水した（図３）。その結果、多数の島ができ、それが多島海の形成につながったとみられる。

白嶽に登る

浅茅湾の南に白嶽という山がある。白い色をした岩峰で

写真３　白嶽の岩峰

（写真３）、古くから信仰の対象になってきた。海抜は517ｍに過ぎないが、険しく、山頂部は切り立った岩壁に囲まれている。山頂の面積は５～６畳程度の広さしかなく、岩が露出していて、かなり危険である。この岩は石英斑岩という火成岩からなり、硬いために周囲から突出している。斜長斑岩など類似の岩石が何列か南北に細長く分布し（図２）、直線状に並んだ小ピークの連なりとなっている。その中には金田城（かなたのき）という城の置かれた高まりもあり、最近の城ブームで脚光を浴びている。

この城は、白村江の戦いで日本が敗れた後、唐・新羅連合軍の襲来に備えて築かれた、朝鮮式の山城で、現在は城山（じょうやま）と呼ばれている。城は浅茅湾に面し、築城は667（天智６）年だという。

なぜこんなところに火成岩の貫入が生じたのか、よくわからないが、南北方向に引っ張りの力が働いて地殻に割れ目ができ、そこにコールドロンのような形で石英斑岩などが貫入してきた可能性が高い。山頂からは、浅茅湾の青い海が見える。

広島県

7

広島湾は なぜ凹んでいるのか

中国地方の川の流れに注目すると、その理由が見えてくる。

瀬戸内海の地図を見ていて不思議なことに気がついた。四国側には播磨灘や燧灘、伊予灘などといった広い海が順番に現れるのに、広島県や岡山県の側は広島湾だけが凹んでいて、あとは直線状の海岸が続いている（図1）。なぜ広島湾だけが凹んでいるのだろうか。本来ならば、広島湾も南にある江田島や厳島辺りまで、陸地になっていてもいいように思われる。なぜそうならなかったのだろうか。

一つの仮説

地図を見ているうちに一つの仮説が浮かんできた。岡山辺りの海岸が直線状なのは、埋立地や干拓地が多いためで、それは山からの土砂の供給が多かったからではないか、ということである。逆に広島湾では土砂の供給が少なかったので、こうならなかったのではないかと考えた。この点について、四国側と中国側を比較してみよう。

隆起する四国

四国は石鎚山（いしづちさん）（1982m）を最高峰として、急峻な四国山地が東西に連なっている。また全体が東を向いたカメのような形をしていて、4本の足にあたる部分の高縄半島や室戸岬などが出っ張りを作り、そうでない部分が燧灘や土佐湾といった凹みを作る（図2）。これは現在の地殻変動の傾向を反映したもので、四国山地は東西の、また高縄半島と足摺岬、五色台と室戸岬を結んだ線は南北の隆起の軸にあたっている。一方、燧灘や土佐湾辺りは逆に沈降傾向にある。

広島湾

図1　瀬戸内海の地形　© 地理院地図（色別標高図）

なだらかな中国山地

これに対し、中国地方は全体が高原状に盛り上がった地形を作るが、高い山は少なく、脊梁山地でも1200m程度で、島根・広島県境の冠（かんむり）山山地が1300mを超えるに過ぎない。そのため、たとえば広島県は中国地方を代表する大県だが、ほとんどが低山や丘陵地からなり、県東部の福山辺りを除けば、広い沖積平野というものは存在しない。

土砂は山から

豪雨があると山は崩れ、出た土砂は土石流や洪水となって下流に運ばれ、河口付近に堆積する。河口付近にできるのが三角州や沖積平野である。

常識的に考えると、山からの土砂の供給は、険しくて雨の多い四国山地からのほうが多そうに思える。だが、実際は中国山地からのほうが多い。なぜかというと、中国山地の大半が花崗岩でできているからである。花崗岩は深くまで風化していて、崩壊して土砂になりやすい。また、たたら製鉄による人為的な掘削もこれに拍車をかけた。このため流れる川は大量の土砂を運び、広い沖積平野を作りやすいのである。

大河川の下流では塩田や水田の開発も行われ、干拓地が広がった。図3に示したのは、干拓前の岡山付近の状況を示したもので、児島は文字通り島であり、児島湾は「吉備の穴海」と呼ばれる海だった。それが高梁川をはじめとする河川からの土砂による埋め立てや干拓によって、ほとんどが陸地に変わっていくのである。

では広島湾はなぜ土砂で埋められなかったのか。これには広島湾だけの事情があった。

中国山地に発する川のほとんどはそのまま南に流れて瀬戸内海に注ぐ。岡山県なら東から吉井川、旭川、高梁川の3本があり、兵庫県では加古川や揖保川がこれに該当する。しかし広島県を見てみると、福山市を流れる芦田川は何とかこれに含まれ

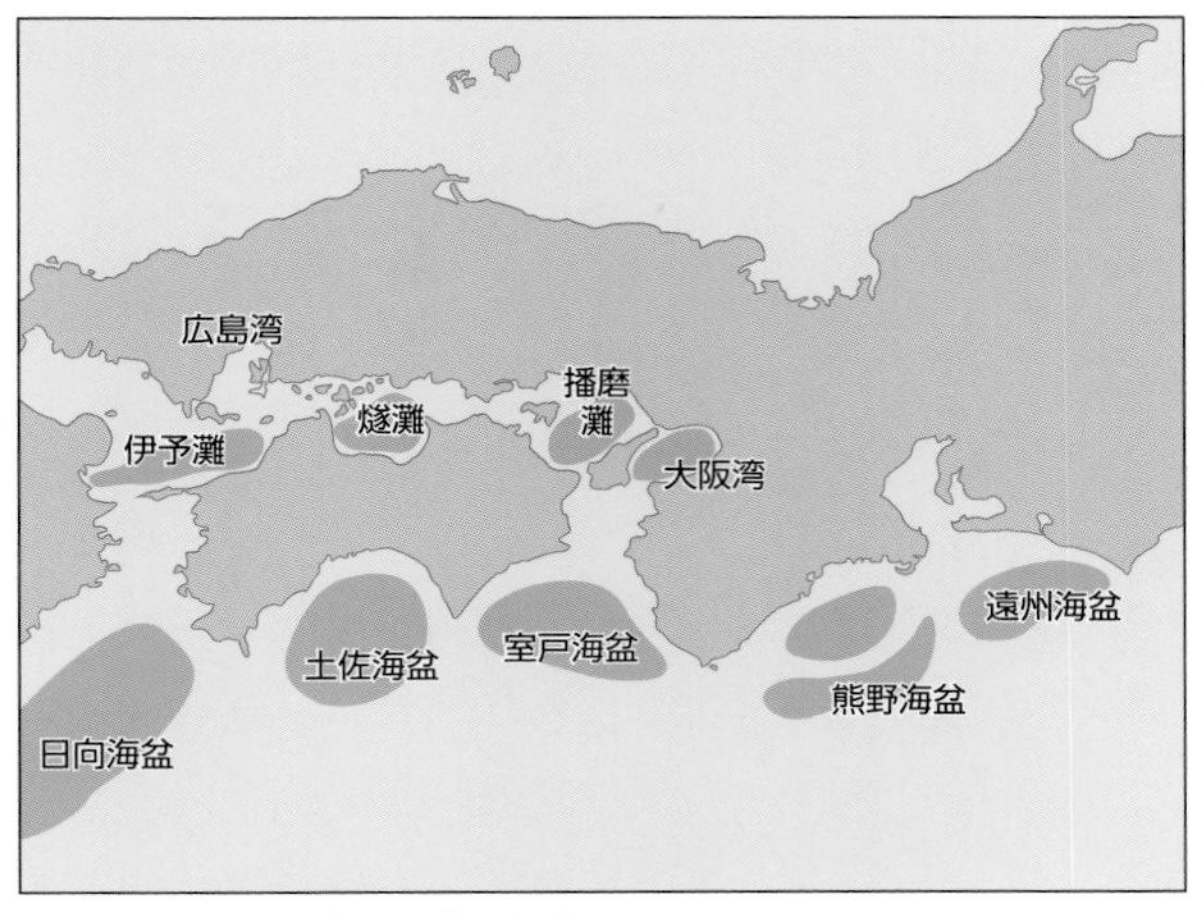

図2　四国周辺の海盆と灘の分布

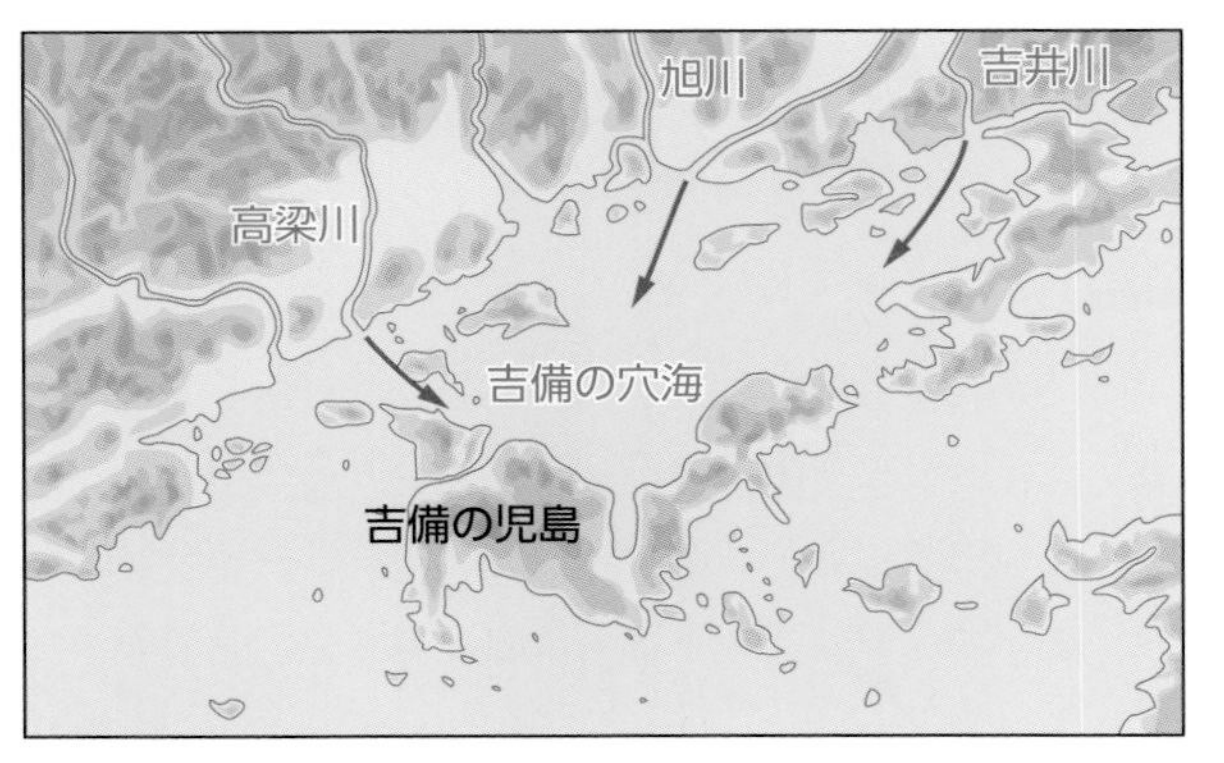

図3　吉備の児島と穴海

そうであるが、比婆山付近に発する川は南流していったん三次市に集まるものの、そこから先は突然、西に方向を変えて江の川となり、中国山地を貫流して日本海に注ぐのである（図4）。まったく予期せぬコースを通っているといってよい。それどころか、江の川の上流は安芸高田市付近を通るため、本来なら広島湾に注ぐはずの水が、北に流れて日本海に行ってしまうのである。

こうして広島湾に注ぐ川は、三段峡に発する太田川ただ1本になり、本来なら入るべき水量の何分の1かになってしまった。

広島城の基礎

広島市街地の基礎は、安土桃山時代に毛利輝元が太田川河口の三角州にあった島（中州）に広島城を築いたことに始まる。それを福島正則が拡充した。その後、浅野氏が城主となり、江戸時代を通してそれを保つが、当時の絵図を見ると、武家屋敷を含め城の南に広がる市街地はごく狭いものであった。しかし浅野氏は精力的に干拓を行い、海寄りの南側だけでなく、東、西にも土地を作り出した。最初、輪中のように周囲を囲む土手を作って、中を埋め立て、さらに河川の浚渫を行って土砂を盛ったという。その面積は絵図の頃の5、6倍に達した。だがこれほどの努力にもかかわらず、陸地の拡大は広島湾の湾奥だけにとどまった。

2018年の西日本豪雨の時、広島市北部の安佐北区辺りでは土砂崩れが至るところで起こった。その様子を見ていると、太田川への土砂の供給は、かなり多かっただろうと想定できそうである。しかし太田川の支流・三篠川の流域は、安芸高田市の南までと狭く、大量に土砂を供給する可能性は小さい。したがって実際のところ太田川への土砂の供給は、決して多くはなかった。

先般、太田川を上流の三段峡を目指して遡ったことがある。途中では蛇行する太田川の河床に流紋岩が露出し、堆積物はほとんど見られなかった。岩盤が硬く、岩屑の生産が乏しいのだと思われる。したがって上流からの土砂の供給は少なく、この点から見ても、太田川の三角州は埋め立てに向いていなかったといえよう。

毛利氏がわざわざここの三角州を築城の場所として選んだことについては、当初は反対意見があったという。水害や水攻めの恐れがあるというのがその理由である。しかし当時はすでに秀吉による天下統一が成り、山城の必要性は少なくなっていた。また毛利氏はこの時点で150万石の大大名であった。平和な時代になれば、支配の拠点として、また生産や流通、交易の拠点としては、河口にある平城が望ましいことはいうまでもない。その意味では輝元の判断は適切であったといえよう。

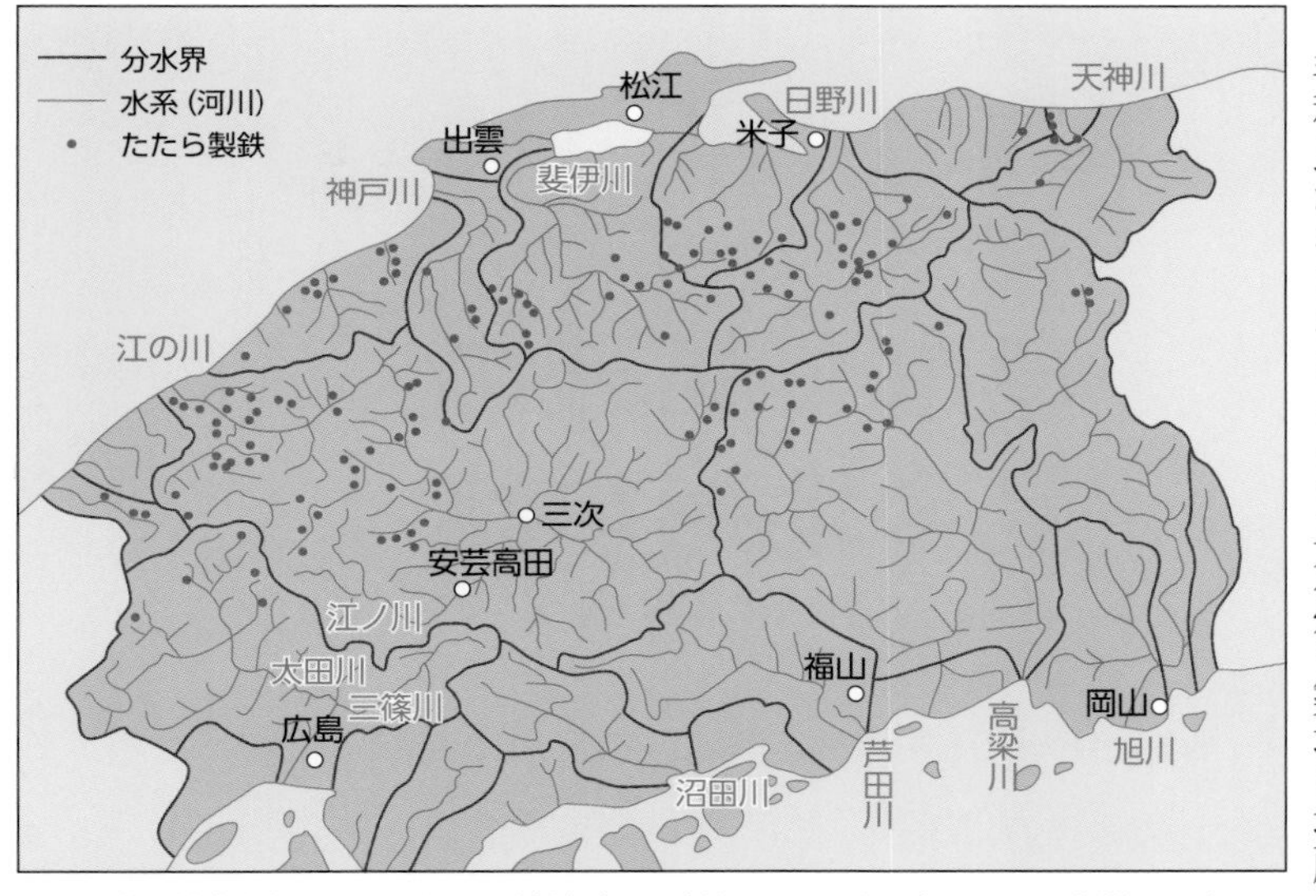

図４　中国地方中部における河川の流域（黒の太線で囲んだ部分）とたたら製鉄の分布
『風景のなかの自然地理』（古今書院）を参考に作成

しかし後を継いだ浅野氏にとって、太田川は埋め立て用の土砂が少なく、困った川であった。土砂の供給は支流の三篠川に求めるしか手がないからである。ただそれにもかかわらず、江戸時代の広島藩は、三篠川流域でのたたら製鉄を禁止している。土砂の供給が多くなりすぎ、水害の起こる恐れがあったからである。あちらを立てればこちらが立たず。うまくかじ取りをするのはなかなか難しい。

8

高知県

竜串・見残の侵食地形の謎

奇形ともいえる不思議な形をした岩の成因を探る。

恐竜の骨のような地形

高知県の足摺岬の付け根に土佐清水市がある。その西5kmほどのところに千尋岬（ちひろざき）という名前の小さい半島があり、竜串（たつぐし）と呼ばれる、恐竜の骨のような形をした侵食地形で知られている（写真1）。奇妙な地形が見られるのは、三崎層という500万年くらい前に堆積した地層からなるところで、数百年前に起こった地震によって地面が2〜3mほど隆起し、海面より高くなった平坦地（海食台）が、その後、波による侵食を受けて現在の奇観を作り出したものである。厚さ数mもある白っぽい砂岩の層は、泥岩の層と比べると波の侵食に強いため、恐竜の骨のような形を作り出したと考えられている。

見残の不思議なタフォニ

見残（みのこし）は竜串から観光船で20分ほどのところにあ

る、やはり三崎層からなり、不思議な地形が観察できる海岸である。ここの見どころは多種多様なタフォニであろう。タフォニというのは、写真2・3に示したような岩にできた窪みのことで、円形をした穴や、蜂の巣状のもの、窪みが列状に並んだもの、ドーム状の天井を持つ部屋のような形のものなど、実にさまざまなタイプがある。次々に新しいタイプが出てくるので、見ていて飽きることがない。大きさも直径数mmの小さいものから、3、4mを超えるような大きいものまで、それこそ千差万別である。

写真１　竜串

　さまざまな形のタフォニはどうしてできるのだろうか。岩の表面に付着した波のしぶきが、乾燥する時に塩の結晶となり、それが霜柱のような働きをして鉱物の粒子を削り取るのだとされているが、この説明で納得した人を見たことがない。要するによくわかっていないのである。

　タフォニの形や分布は地質とも深く関わっているように見える。ある場所では岩の表面にびっしりと、ごく小さな窪みや蜂の巣状の

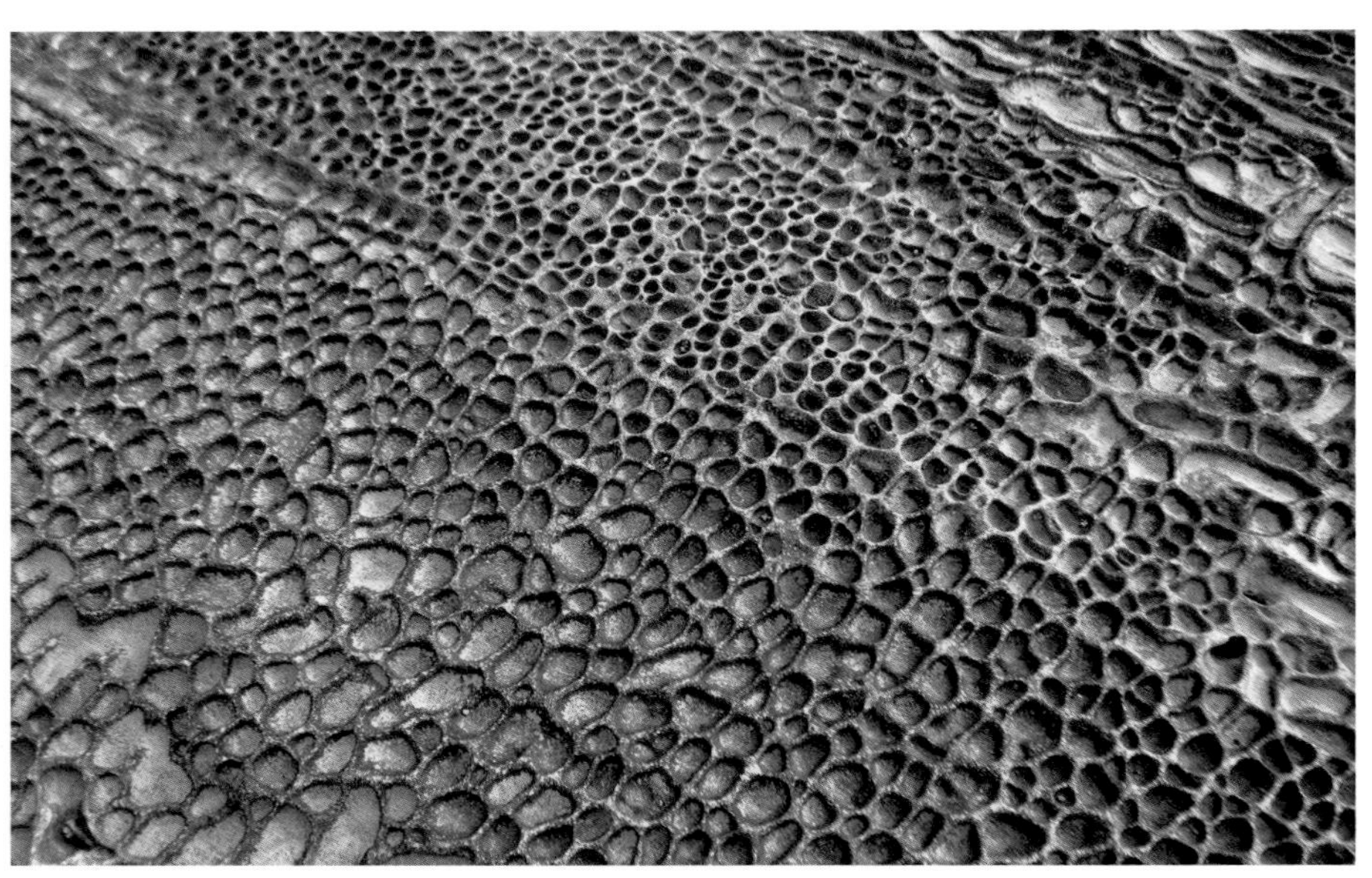
写真２　蜂の巣状のタフォニ

模様ができているのに、その直上にある別の地層には大きな空洞がボコ、ボコといった感じにできている。つまり岩の種類や場所による違いがきわめて大きい。海面より１〜２ｍ程度の高さに多いことから考えると、波の作用も効いていると思われる。岩の表面から、鉱物の粒子を剥がす作用が、ある場所では塩の結晶ができることが有効に働き、別の場所では波の打撃作用が強く働いて、個々の地形を作り出すのであろう。

河田小龍が命名

見残という地名は、弘法大師が見残したから、という説があるそうだが、後で作った俗説であろう。ただ実際に竜串まで来てここを見ないで帰る人は少なくないようで、このことを憂えた幕末・明治の文人画家・河田小龍が「見残」という名前をつけたのだそうである。小龍は勝海舟と並ぶ坂本竜馬の師として知られ、ジョン万次郎の世界地理に関する知識を世に紹介した人物でもあった。

見残では、私たちが一緒に乗ったグラスボートの客も、私たち以外は上陸せず、海の中の魚やサンゴ礁を見ただけで帰っていってしまった。地形などには興味がないのかもしれないが、実にもったいない話である。

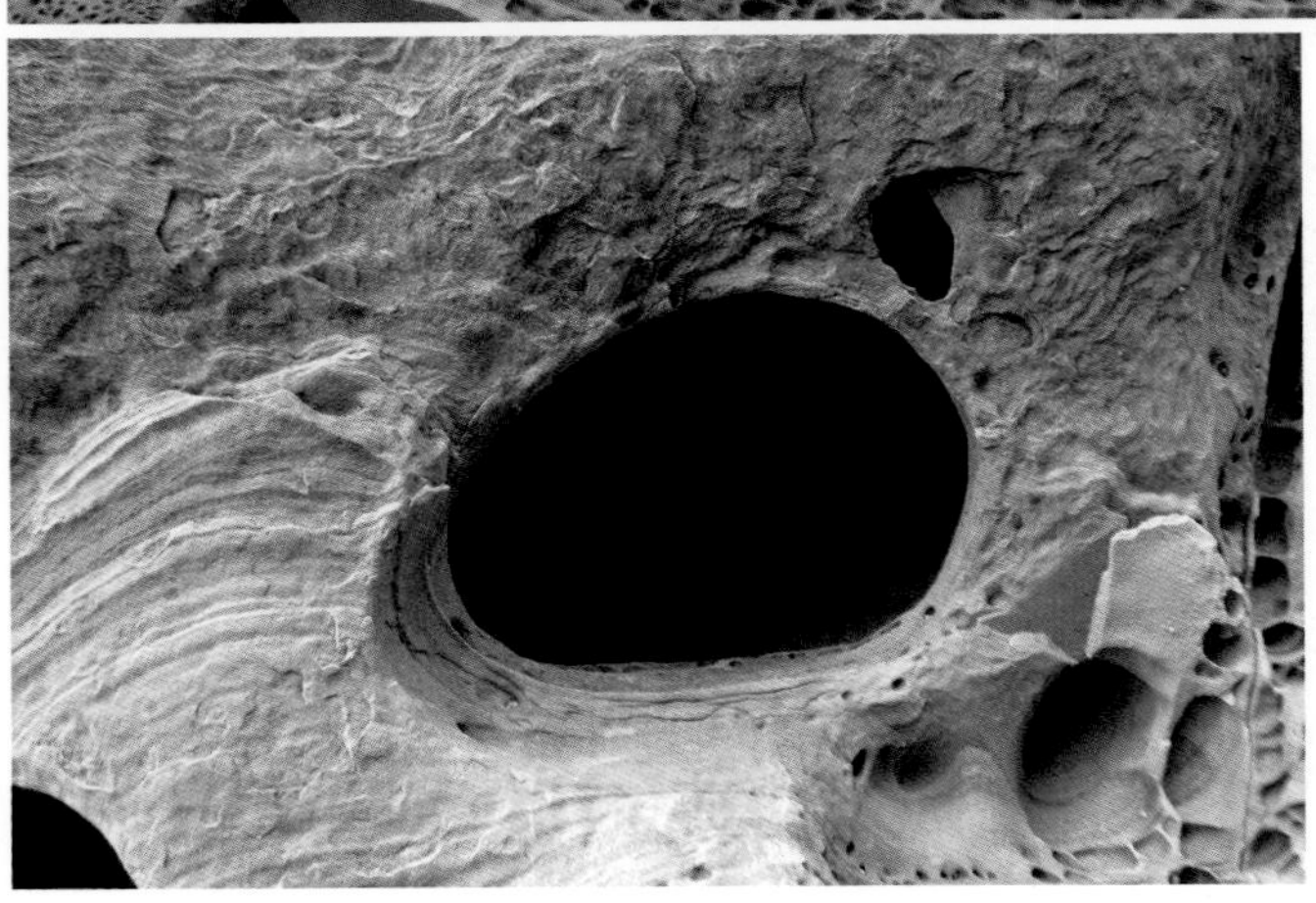

写真３　タフォニ　大きな穴を作るタイプ

鹿児島県

9

甑島列島・長めの浜とカノコユリ

「眺めの浜」とも呼ばれた長い砂州の形成は、縄文時代まで遡る。

甑島列島

甑島(こしきじま)列島は、鹿児島県・薩摩川内市の西約30kmの東シナ海に浮かぶ、三つの島からなる列島である(図1)。豪壮な海食崖や「長めの浜」などの海岸景観、カノコユリの原生地、滝など、多数の景勝地に恵まれ、2015年3月、鹿児島県立自然公園から国定公園に格上げになった。小さい島々に見えるが、三つの島の全長は35kmもあり、見どころには事欠かない。

長めの浜

長めの浜は上甑島の北側にある砂州で(写真1)、長さは4kmもあり、内側に四つの美しい池を抱えている。2代薩摩藩主・島津光久が「眺めの浜」と褒めたことから、この名前になったという。この砂州は内側の低木の生えた部分と、外海に面した礫が堆積した部分に分かれている。外海に面した

写真１　長めの浜の砂州

部分は現在形成中の砂州だと考えられるが、低木林になったところは海面からの高さが４～５ｍあり、土壌もできていて明らかに現成(げんじょう)では

写真２　ツメレンゲの芽生え

図１　甑島列島

ない。縄文遺跡が発見されていることから、砂州の形成は、海面が現在より数m高かった縄文時代にまで遡るとみられる。当時は長めの浜の西側にある田之尻岬から岩屑が供給され、砂州（実際は礫州）を作ったものであろう。その後、海面が下がって植物が生育できるようになり、そこに貧栄養の岩場を好むウバメガシからなる珍しい低木林が成立した。なお、そこから海側に向けては傾斜した礫斜面となっているが、その上部にはきれいな花をつけるツメレンゲ（写真２）が多数生育している。

写真３　カノコユリ

甑島ではカノコユリ（写真３）の自生地が数か

写真４　カノコユリの生育する海岸の草原

写真５　海食崖（鹿島断崖）

所確認されている。このユリの球根はかつて住民の食料となり、大正期にはアメリカに観賞用として輸出された。私の見たのは下甑島の鹿島断崖のそばの草原で、ちょうど開花期にあたり、美しい花を見ることができた。自生地はいずれも海に面していて猛烈な風を受ける場所で（写真４）、風が強すぎ樹木が生育できないことが、この美しいユリの生育を維持してきた可能性が高い。

ところで、輸出用の球根を採るために、かつてカノコユリの自生地は掘り起こされ、良い球根は採取された。しかし小さかったり、いびつだったりして売りものにならない球根は現場に放置されたり、周囲に捨てられたりした。結果的にはこれがよかったようで、分布地が拡大したのだという。温室育ちでない植物は強いものだと感心してしまう。

ナポレオン岩

甑島では、高さ200m近い豪壮な海食崖が各地で

写真６　ナポレオン岩

見られる（写真５）。多くは白と黒の地層が交互に重なってきれいな縞々模様を作っている。この地層は白亜紀末期の７０００万年ほど前の地層で、恐竜などの化石を産することで知られている。この時代の地層がなぜ侵食から免れてこの島に分布しているのか、よくわからないが、日本ではかなり珍しい地層である。

中にはナポレオン岩というのもある（写真６）。ナポレオンの横顔だといわれれば、確かにそのように見える。この岩は、海面に近い部分が黒い泥岩からなり、その上に灰色の硬い砂岩層が載っている。硬い砂岩層が鼻を作り、若干軟らかい泥岩層が波に削られて口と首の部分になったものである。目にあたるところに白い点があり、耳のようなものもついているし、頭には低木らしい緑の植物が生えている。自然にできたものだが、何から何までうまくできているので、驚いてしまう。

第2章

山

1

北海道

アポイ岳の植生の不思議

高い山ではないけれども、珍しい高山植物の宝庫となったわけ。

ユネスコ世界ジオパーク

アポイ岳（写真1）は北海道・日高山脈の南端付近に位置する海抜811mの三角形をした山である（図1・2）。全体が橄欖岩（かんらんがん）という特殊な岩石からなることから、2015年にユネスコ世界ジオパークに認定された。1300万年ほど前、プレートの衝突により、日高山脈を作る地質が地下深くにまで潜り込み、その動きによってマントルを構成する橄欖岩が地表まで押し上げられた。その結果、アポイ岳付近には橄欖岩の岩体が分布するようになった。これは世界的に見ると、きわめて「新鮮な」橄欖岩なのだそうで、それを見るために世界中から地質学者がやってくることになった。

図1　アポイ岳

写真１　様似海岸から望んだアポイ岳

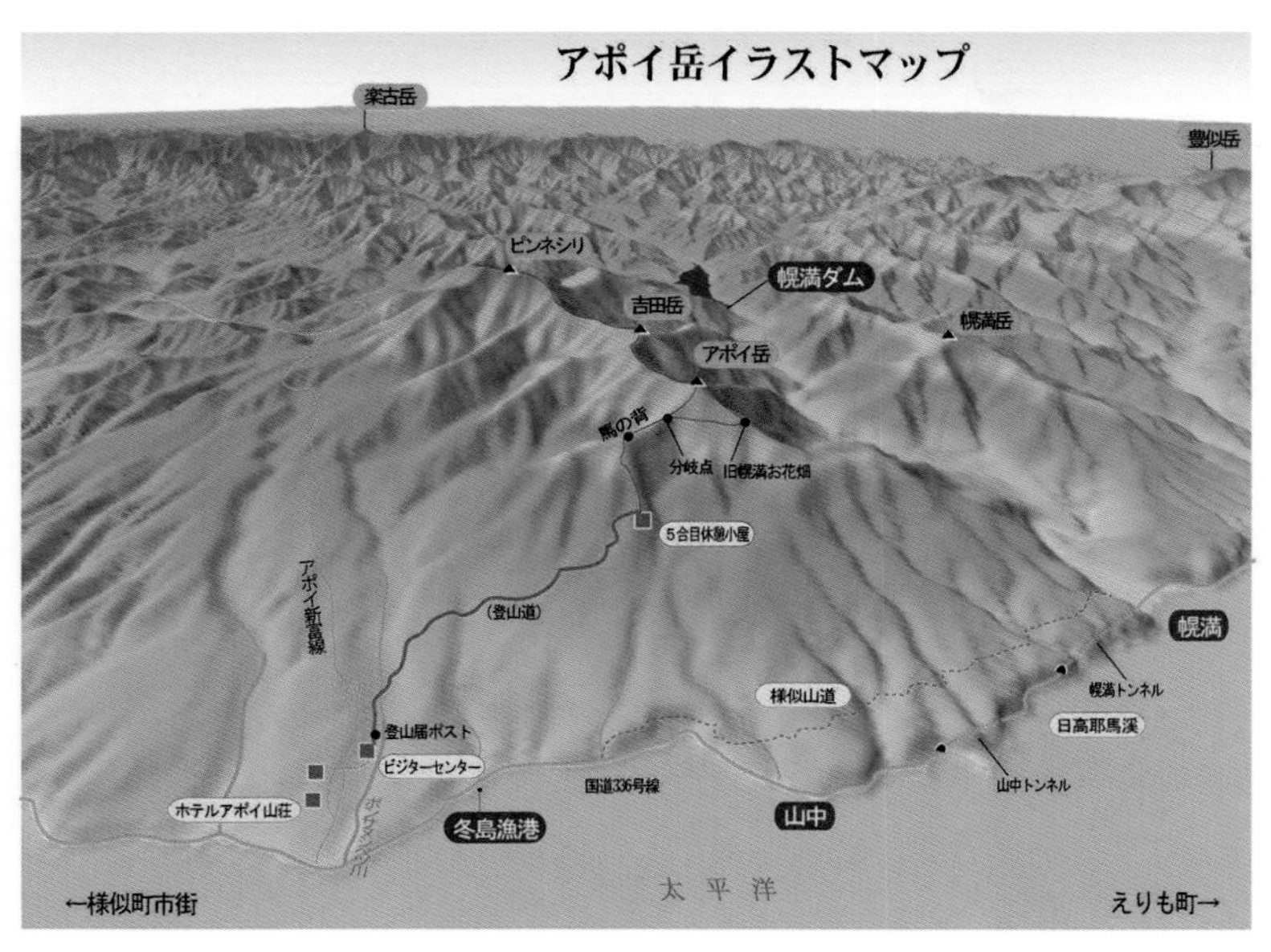

図２　アポイ岳への登山道　様似町アポイ岳ジオパーク推進協議会提供

写真２　ハイマツと高山植物の生育地

アポイ岳は決して高い山ではないが、珍しい高山植物の多いことで知られている。橄欖岩はマグネシウムなどの有害な重金属を含む。このため生育できるのはそれに耐えることのできる種に限られ、固有種が多くなる。この山の代表はヒダカソウで、南アルプスの北岳だけに生育するキタダケソウに似た白く清楚な美しい花をつける。アポイ岳の固有種だから、本当は名前もヒダカソウよりもアポイソウのほうが合っているような気がする。

五合目を境に植生が変化

不思議なことにこの山では五合目の避難小屋を境にして上部では高山植物やハイマツが優占する（写真２）のに、下方はアカエゾマツの大木が優占し、植生景観の上で大きな違いがある。基盤岩の地質は同じだから、なぜ違いが生じたか不思議である。そこで今回はこの点について考えてみよう。

五合目から山頂に至る登山道は、ほとんどが露出した橄欖岩の岩盤の上を通り、そこでは高山植

写真３　五合目から上の景観　アカエゾマツの疎林になっている

物が多い（写真３）。また七合目付近は岩盤が細かく砕けて砂礫地ができ、そこにアポイクワガタやアポイアズマギク（写真４）、アポイハハコなどが生育している。周辺にはキンロバイやアポイキンバイ、ヒダカトウヒレンなどが見られる。この一帯では橄欖岩が変質して蛇紋岩になり、割れやすくなったのだろう。

稜線に着くと、橄欖岩の角ばった大きい岩盤が

写真４　アポイアズマギク

写真５　稜線沿いの基盤

目立つようになってくる（写真５）。岩盤には粗い割れ目が入っており、植物はその隙間や岩棚に生育している。植物は多彩で、ヒダカイワザクラ、アポイカラマツ、アポイゼキショウなど、珍しい

写真６　アカエゾマツ林

写真７　山頂のダケカンバの森

植物のオンパレードである。

五合目以下は森になっている

一方、五合目以下はアカエゾマツやゴヨウマツの大木が生育している（写真6）。同じ橄欖岩地なのに、なぜこちらでは大木の生育が可能になったのだろうか。基盤の地質は同じだから、地質の違いでは説明できない。そこで表層の物質を調べてみた。すると、避難小屋より下では基盤岩の上に厚さ１ｍほどの礫混じりのローム層が堆積しており、その中には銀色の軽石の塊が多く含まれていることがわかった。この軽石は、色などの特色や北海道の火山噴火の履歴から考えると、４万年ほど前に支笏火山から噴出した支笏降下軽石である可能性が高い。

支笏降下軽石はアポイ岳一帯にも降下し堆積したが、その後、２万年前の最終氷期の極相期になると、日高山脈では幌尻岳やトッタベツ岳に氷河がかかるなどし、アポイ岳も山全体が著しく寒冷

写真８　山頂を覆うダケカンバ森
左手の谷間に沿って生育している。手前左はハイマツ低木林

な環境下に入ることになった。そして、傾斜の急な五合目以上では、地表面に載っていた軽石は凍結と融解の繰り返しによってバラバラになって流され、五合目より下の緩傾斜地に堆積したとみられる。その結果、五合目より下では、橄欖岩の有害成分は表土に軽石が大量に混じることで緩和され、アカエゾマツが生育できるようになった。一方、山の上部では橄欖岩が露出し、それが五合目以下と生育する植物を分けることになったのである。

山頂部の森はなぜできた？

なおアポイ岳では、山頂部にだけダケカンバの森ができ（写真７・８）、垂直分布帯の逆転として不思議がられてきたが、これもなだらかな山頂部に堆積した支笏降下軽石が、たまたま侵食から免れて残り、橄欖岩の毒素の影響を受けないで生育できた、ということに原因を求めることが可能である。

2

北海道

夕張岳
蛇紋岩のメランジュがもたらす特異な植物群

植物の分布と地質の関係が併せて指定された、
わが国初の天然記念物。

夕張山地

北海道の中央には、日高山脈から十勝岳を経て石狩山地に続く長い脊梁（せきりょう）山地がある。その山並みの西側を並走する小型の山地が夕張山地である。この山地の主峰が夕張岳（図1）で、高さは1668m。日高山脈との間には富良野盆地がある。夕張山地の山は夕張岳が蛇紋岩（じゃもんがん）、北にある芦別岳（1726m）が輝緑凝灰岩（きりょくぎょうかいがん）でできており、同じ山地にありながら、性格は対照的である。芦別岳は硬い岩が露出し、ゴツゴツした険しい山だが、夕張岳はユウバリソウやユウパリコザクラなどの固有種の多い、花の山である。地形もなだらか

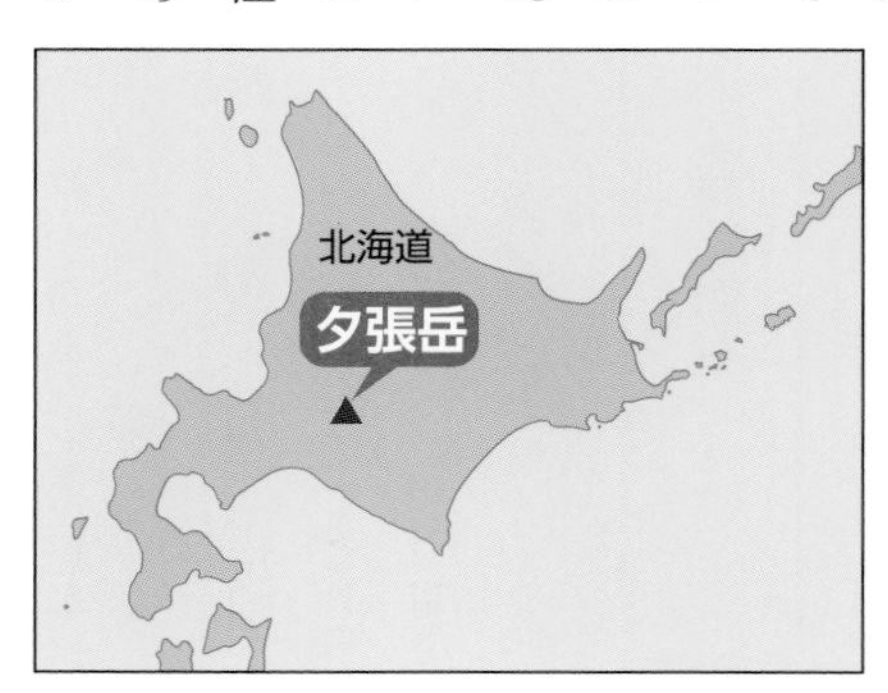

図1　夕張岳

写真１　硬い部分が突出するノッカー地形

で、お花畑も広く、沼や岩峰があるなど多彩な景観を示す。

この山に登るには、西の夕張岳ヒュッテに泊まり、そこから登るのが一般的だが、山頂までの距離が長く、起伏もあるので、思いのほか、時間がかかるのが難点である。

蛇紋岩メランジュ帯の植物群落

ところで夕張岳といえば、「夕張岳の高山植物群落および蛇紋岩メランジュ帯」という名前の、国の天然記念物指定を落とすわけにはいかない。これは植物群落とそれが成立している基盤の地質を併せた、わが国初の天然記念物指定である。これまで天然記念物といえば、植物だけとか、鉱物だけとか、地形だけとかすべて単独の指定だったが、ここでは地元・北海道の研究者たちが、植物の分布はそれが生育している場所の地質と不可分な関係にあることを見出し、両者を併せて指定することを提案してそれが実現したのである。

写真２　蛇紋岩が砕けてできた砂礫地

ノッカー地形

基盤の主要部分は蛇紋岩で、マントルに由来する橄欖岩が地下を上昇してくるうちに変質して生じたものである。しかし途中で枕状溶岩や緑色片岩（輝緑岩）を取り込んできたために、メランジュと呼ばれる堆積物になった。このうち蛇紋岩は風化し、侵食を受けて低下したため、そこから硬い緑色片岩などが突出する「ノッカー地形」が出来上がった（写真１）。ガマ岩や釣鐘岩の出っ張りがこれにあたる。この一帯に生育する植物は、主にハイマツや低木林である。

蛇紋岩地の植物

一方、極端な強風地や残雪跡地では蛇紋岩は露出して砕け（写真２）、半崩壊地となって、そこに蛇紋岩植物が生育するようになった。蛇紋岩はマグネシウムなどの有害な金属を含んでいるため

写真３　蛇紋岩植物のシロウマアサツキ（左）とユキバヒゴタイ（右）

に、それに耐えうる蛇紋岩植物しか生育できない（写真３）。ユウパリコザクラとユウバリソウ、シソバキスミレはその代表で、分布は残雪跡地に限られている。

条件が多少良くなると、風の当たる場所ではウラシマツツジやクロマメノキなどの矮低木が現れ、雪の多い場所では、シナノキンバイやハクサンイチゲなどの草本がお花畑を作る。また積雪が多く、地形が緩やかな場所では、イワイチョウやエゾノツガザクラが雪田植物群落を作り、ところどころにミネハリイやミズゴケが生育する湿原もできた。一方、輝緑岩地にはエゾノクモマグサとユウパリクモマグサが分布する。

このように夕張岳では、地質の違いとわずかな起伏の違いを反映して、多彩な植物群落ができ、植物の種類もきわめて多くなった。残念ながら夕張岳ではかつて盗掘が横行した。このような恥ずかしい行為はもうなくなっていることを期待する。

3

岩手県

氷河期の風景を残す 五葉山

凍結で割れた岩塊を覆う高山植物が見られる山。

北上高地第二位の山

五葉山(ごようさん)は三陸南部の岩手県釜石市と大船渡市の間にそびえる、海抜1351mの低山である(図1)。しかし北上高地では第二位の山で、山頂部にはハイマツやコケモモなどの高山植物があるなど特異な景観を示す。

ツツジと岩塊

5月20日、私たちは釜石駅から車で登山口の赤坂峠(712m)に向かった。峠が近づくとヤマツツジの朱色の花が目立ち始めた(写真1)。まだ少し早く、あと数日たてば満開にな

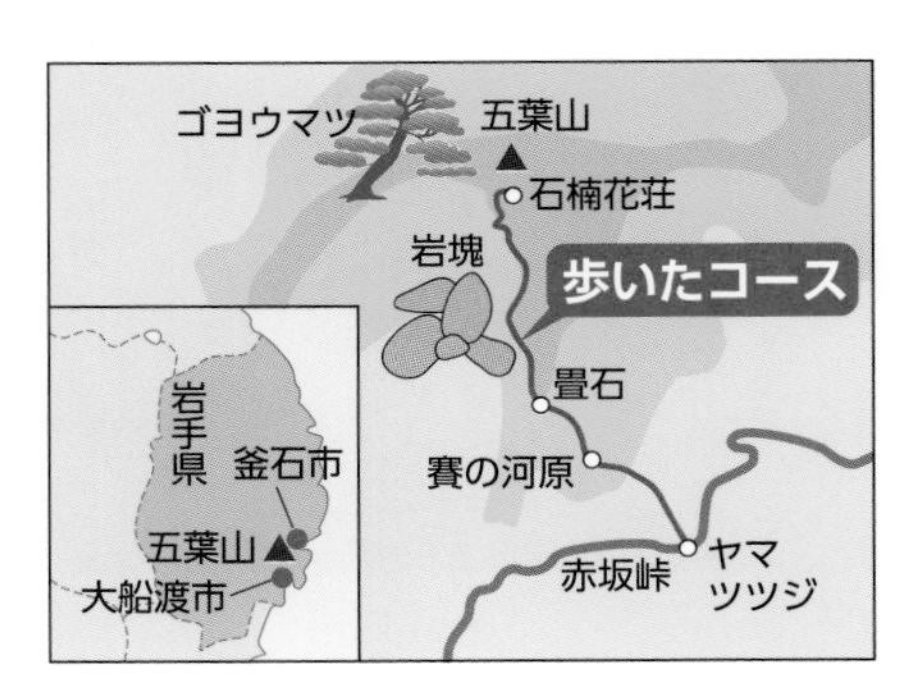

図1　五葉山

りそうだ。ツツジが多いのは、花崗(かこう)岩の山で、土壌が薄く痩せているからだろう。

赤坂峠からはほぼ真北を目指す。すぐに斜面上に直径2～3ｍもある大きな岩塊が現れる。これは氷期の寒冷な気候の下、強力な凍結破砕作用によって、基盤岩の花崗岩が割れたものである（写真2）。

写真１　ヤマツツジの花

ヒバとコメツガが出現

賽(さい)の河原を過ぎ、畳石に至る。これも凍結で割れた大きな岩塊である。そこを過ぎると、ダケカ

写真２　割れた岩

写真３　ハイマツ（奥の低木）とガンコウラン（手前の矮低木）

ンバやミズナラが優勢になったが、岩塊が集まった場所には常緑のヒバ（ヒノキアスナロ）やネズコが生育し、異彩を放っている。山頂部の手前にある石楠花荘（しゃくなげ）が近づく頃から、傾斜はなだらかになり、コメツガやシャクナゲが現れた。シャクナゲはシロバナシャクナゲとされているが、ハクサンシャクナゲと区別がつかない。

さらに登ると、地形はほぼ平坦となった。準平原の地形ということで、五葉山県立自然公園に指定されている。ここではゴヨウマツとハイマツが優勢になり、シャクナゲやササ、ガンコウランとともに斜面を広く覆う（写真３）。五葉の針葉樹は明らかに２種に分かれ、広く分布する低木は筆者にはハイマツにしか見えなかったが、現地の説明板ではゴヨウマツにまとめられており、区別されていなかった。猛烈に風が強いので、ゴヨウマツが低木化したと考えられているらしい。私はハイマツとしたほうがいいと思うが、詳しい識別はできないので、分類の専門家の調査を待ちたいと思う。

写真４　岩塊地　岩は花崗岩

ハイマツとガンコウラン

山頂付近は岩塊がごろごろしていて（写真４）、周囲はハイマツやガンコウランが覆っている。かなり風が強くなってきた。ここは一年中、風が強く吹いているようだ。ガンコウランの群落は強風による強い風食を受け、植被が削られてノッチと呼ばれる小さい崖ができている。

山頂から東に300ｍほど進むと、今度は極端に変形したコメツガの原生林が現れた（写真５）。おどろおどろしいほどひどい形になっている。おそらく生育を始めた当初は強風を受けて極端に曲がってしまったが、生育につれてお互いに支え合い、それによって林内の風も弱くなったため、こんな森ができたのだろう。

大規模な岩塊流

帰りは赤坂峠から大船渡に出る国道を下った。

ここでは、浅い谷間を埋めるように、巨大な岩塊の流れが観察できる（写真6）。こういう地形を岩塊流と呼び、北極周辺のツンドラやヒマラヤ、アルプスなどの高山では、現在形成中の岩塊流を見ることができる。この浅い谷間の岩塊流は、寒冷だった氷河期の産物で、一見の価値がある。

少し下がるとブナ林が現れた。太平洋側の山地には珍しいブナ林で、なぜここに分布するのか、考えてみたが、残念ながらうまく説明がつかなかった。

写真5　変形したコメツガ

写真6　道路沿いの岩塊流

群馬県・新潟県

4

珍しい植物の宝庫 蛇紋岩でできた谷川岳

多くの珍しい植物が見られる山の地質とは。

珍しい植物が多い

谷川岳（1978m）といえば、かつて遭難の多発した山であった（図1、写真1・2）。しかしそのほとんどは一ノ倉沢をはじめとする急峻な岩場でのロッククライミングの際に発生しており、それも近年はほぼゼロになった。天神平から登る一般的な登山道なら、滑らないよう注意すれば、それほど危険ではなく、小学生くらいの子供もよく登っている。ただ日本海側と太平洋側の境目にある山だけに、霧がかかり、雨も降りやすい。よく晴れる日はごく少ないから、天気には恵まれないことを覚悟する必要がある。

図1　谷川岳

写真１　谷川岳と一ノ倉沢

　このように難点のある谷川岳だが、実は珍しい植物がきわめて多く、それが特色となっている。谷川岳と至仏山にしか分布しないホソバヒナウスユキソウ（写真３）と、この二つの山と北海道のごく一部（問寒別）にしかないオゼソウ（写真４）はその代表的なものだが、他にもミヤマウイキョウ、タカネシュロソウ、カトウハコベなど、珍しい植物のオンパレードである。できたら「肩の小屋」に一泊し、頂上付近の稜線をゆっくりと歩いて、珍しい植物をご覧になっていただきたい。

　珍しい植物がなぜこんなに多いのだろうか。それは、この山が蛇紋岩という岩でできていることに原因がある。蛇紋岩はもともと地下深くのマントルを構成していた橄欖岩という岩石が、造山運動や断層の活動に伴って地下深くから地表に出てくる途中で変質したもので、マグネシウムやニッケルといった重金属を含む。このため普通の植物にとっては有害で、その結果、蛇紋岩地に生育できる植物は限られてしまうことになった。逆に、蛇紋岩地に適応した植物も少なくないが、それは

写真２　谷川岳から一ノ倉岳・茂倉岳を望む

写真３　ホソバヒナウスユキソウ

写真４　オゼソウ

写真５　西黒尾根のブナ林の上限　右下の高木がブナ林

いわば環境のいい場所からは追い出された弱者である。だから、ある種が広い場所を占拠するということはありえず、わずかな環境の違いに応じて異なった種が生育する。このため、１m四方くらいのわずかな面積でも多くの種が住み分けており、単位面積あたりの種数が著しく増えることになった。

石英閃緑岩が貫入

谷川岳の山頂部を作る蛇紋岩はおよそ2億5千万年前の古い岩石だが、最近の研究によれば、440万年前に地下に石英閃緑岩（せきえいせんりょくがん）のマグマが貫入してきて、蛇紋岩の岩体を１６００m以上の高さにまで持ち上げたという。隣接する西黒尾根の植生を観察すると、１６００m付近から上はミヤマナラやミヤマハンノキなどからなる低木林やササ原、草原になっており、下はブナ林となっている（写真5）。蛇紋岩と石英閃緑岩の境が、低木林や草原と背の高いブナ林の境界となっているのであろう。また下の石英閃緑岩に比べ、蛇紋岩は硬いので、上のほうが急峻な地形を作ったと考えられている。

天神平から登るコースでは、天神平の蛇紋岩の

写真６　玄武岩地域に成立したブナ林

岩体と、上部の蛇紋岩の岩体との間に玄武岩が挟まってくる。これは石英閃緑岩の貫入に伴うものだと考えられており、そこにのみブナ林が成立している（写真６）。

なお、山頂部の双耳峰のうち「トマの耳」には、狭いが結晶片岩という変成岩が分布している（写真７）。

偽高山帯の山

谷川岳はオオシラビソなどからなる亜高山針葉樹林帯を欠いており、このことから典型的な偽高山帯の山だとされてきた。実際に雪が吹き溜まる風背側の斜面には、ヌマガヤやショウジョウスゲの草原が発達し（写真８）、そこにキンコウカの黄色の花が見える。運がよければ、珍しいオゼソウを見つけることができるかもしれない。

また、反対側の風の当たる斜面は、全面が高さ30cmから1mくらいの低木林になっていて、ミヤマナラ、ハイマツ、ノリウツギ、ミネカエデ、ミ

写真７　トマの耳頂上の結晶片岩

写真８　雪田草原とキンコウカ

ヤマホツツジ、ナナカマド、低木化したネズコなどがびっしりと斜面を覆っている。場所によっては低木の間にコケモモ、ソバナ、ウメバチソウ、ハクサンシャジン、トウヤクリンドウ、イブキボウフウなどの矮低木や草本が現れる。

偽高山帯が成立したのは、これまでは多雪・強風といった気象要因にあると考えられてきた。しかし先に述べたような植生分布を見ると、気候だけではなく、基盤の蛇紋岩のほうに原因があるようにも見える。もしそうだとすれば、偽高山帯の中ではかなり特殊なケースといえそうである。

5

長野県

広大なお花畑が魅力の八方尾根

特殊な地質が生み出す、さまざまな風景を楽しむ。

長野オリンピックのスキー会場

八方尾根は北アルプスの唐松岳から東に派生する大きな尾根で（図1）、長野オリンピックの際、スキー競技の会場になった。海抜2000mに近い尾根筋から南に下る急斜面が滑降や回転の舞台となり、山麓の傾斜地がジャンプの会場となった。

ここでは今、ロープウェイやリフトを乗り継げば、さまざまな高山植物の生育するお花畑に簡単に行くことができ、家族連れの恰好の行楽の場となっている。ただここでは風景や植物が次々に変化し、人によっては、ある程度基礎的な知識を持っていたほうが楽しい山歩きができると思われる。そこで代表的な事例をいくつか

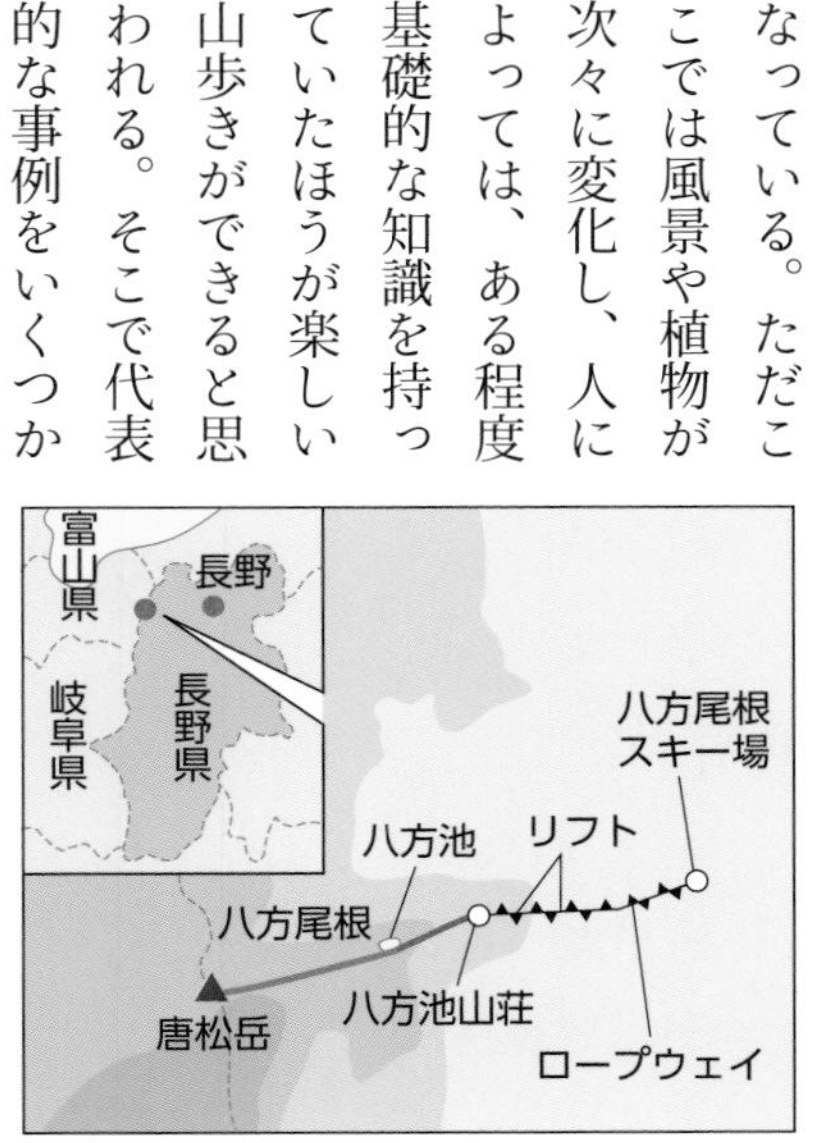

図１　八方尾根

写真１　森林限界の低下で、低木化したネズコ（上、中景の濃い緑色の帯）やオニシモツケ（下）が生育している

紹介したい。

低下した森林限界

八方尾根の第一の特色は、蛇紋岩という特殊な地質でできていることである。蛇紋岩は有害な金属を含むため、オオシラビソのような通常の針葉

写真２　北向き斜面（奥）は植被が乏しくなっている

樹は生育しにくい。私たちがリフトを最後に降りるのは八方池山荘のそばだが、ここは１８００ｍという、それほど高くない標高であるにもかかわらず、すでに森林限界を超えていて、オニシモツケやハイマツや変形したネズコが生育している（写真１）。これは通常の森林限界高度よりも700ｍほど低く、その分、高山植物の生育する範囲が低いほうに広がっている。これは基本的に蛇紋岩地域であることの影響である。

蛇紋岩植物が生育

植物も種類が多い。クモマミミナグサやホソバツメクサなどは、本来なら蛇紋岩地にしか生育しない植物で、蛇紋岩植物と呼ばれている。しかし、八方尾根では岩石の風化が進んで土壌ができ、そのため有毒成分の効果が薄まって、蛇紋岩植物以外の植物もたくさん生育するようになった。

ここで注目していただきたいのは、北向き斜面と南向き斜面の違いである。北向き斜面は冬の季

写真３　南向き斜面は風が当たらず、雪も多いため、植被が豊かである

節風を正面から受けるため、蛇紋岩は凍結破砕作用を受けて砕かれ、地表には礫が散乱してガサガサした感じになっている（写真２）。そのため植被は少なめで、蛇紋岩地固有の植物が多くなる。一方、南斜面は冬場に雪が吹き溜まるため、土地条件が良くなり、密生したお花畑ができている（写真３）。ここでは珍しい植物が次々に現れるから、じっくりと見ていくと、楽しい観察ができる。

山頂部を切る断層

次に注目していただきたいのは、山頂部を切る断層である。稜線沿いにはいくつもの小断層が生じていて、昔、登山者が二重山稜と呼んだ直線状の窪みを作っている。八方池のある場所もそうだし（写真４）、リフトを降りて歩き出した時、稜線に並行して見えた窪み（写真１の中景）もそうである。ここでは窪みに沿ってネズコが低木林を作っている。

写真４　八方池　断層でできた窪みに水が溜まったもの

流紋岩地も出現

八方池から稜線伝いにロープウェイのほうに戻ってくると、突然、小さい丘の上が10ｍ四方くらいにわたって地面が白く変化した（写真５）。何だろうと思い、調べてみたら、蛇紋岩地に貫入してきた流紋岩の岩体であることがわかった。流紋岩は白馬連峰に広く分布し、白馬岳の南側の杓子岳や白馬鑓ヶ岳では山体のほとんどを占めている。また白馬岳の北の三国境や鉢ヶ岳にも広く現れ、コマクサやタカネスミレ、ウルップソウなどが生育する、白い色の砂礫地を作り出す。斜面の色が遠目には雪のように白く見えるため、遠くからもよく目立つ。ただし、今回見つけた八方尾根の流紋岩地の場合、面積が狭すぎるせいか、コマクサやタカネスミレは見られず、コメススキがあるだけであった。

写真5　突然、白い地面が

ダケカンバの林

なお、八方池を過ぎた辺りから標高が急に高くなり、太いダケカンバからなる森に変わる。

これは蛇紋岩地を外れ、蛇紋岩の影響がなくなったためで、本来の植生分布に戻ったためだといえる。また標高が高くなったのも、風化しやすい蛇紋岩地から硬い砂岩地域に変化したことが原因である。

山の色が違う

最初に乗ったロープウェイの駅まで降りてきたら、正面に見える白馬連峰を改めて見てみよう。写真6にその山並みを載せたが、何か気がつくことはないだろうか。

よく観察すると、左と中央の二つのピークはピンクないし白に近い薄い茶色をしているが、右側の一番奥の山は一転して黒くなるのに気がつくだ

写真６　色が異なる三つの山　右の黒い山が白馬岳

ろう。これは実は、山を作る基盤の違いを示している。左の二つの山は白馬鑓ヶ岳と杓子岳で、流紋岩からなる。一方、右手の山は白馬岳で、黒い色をした泥岩や粘板岩、砂岩でできている。ただし白馬岳も、山の右下だけがピンクに見えるが、これはここが三国境付近の流紋岩地にあたるからである。

地質の違いというのは、このようにその気になってみれば見えてくるが、いわれなければ、まず気がつく人はいない。頑張って違いがわかる能力を身に付けてほしいものである。

6

群馬県

妙義山の険しい地形と石門はなぜできた？

険しい岩峰がそびえる山。
その威容は「日本三奇景」の一つに数えられている。

日本三奇景の一つ

妙義山は群馬県の南西のはずれに位置し、関東山地の最北部にあたる山である（図1）。標高は1100m前後とそれほど高くないが、侵食によって生じた痩せた稜線、多数の岩峰、岩壁、奇岩の集合体である（写真1）。

妙義山は大分県の耶馬渓（やばけい）、香川県小豆島の寒霞渓（かんかけい）と並び、日本三奇景の一つに数えられているほか、妙義荒船佐久国定公園に指定され、下仁田ジオパークの拠点でもある。

妙義山の山並みは大きく見ると、南側の表妙義、北側の裏妙義に分かれるが、いずれも切り立った狭い稜線が続き、きわめて危険なため、岩登りのできる人し

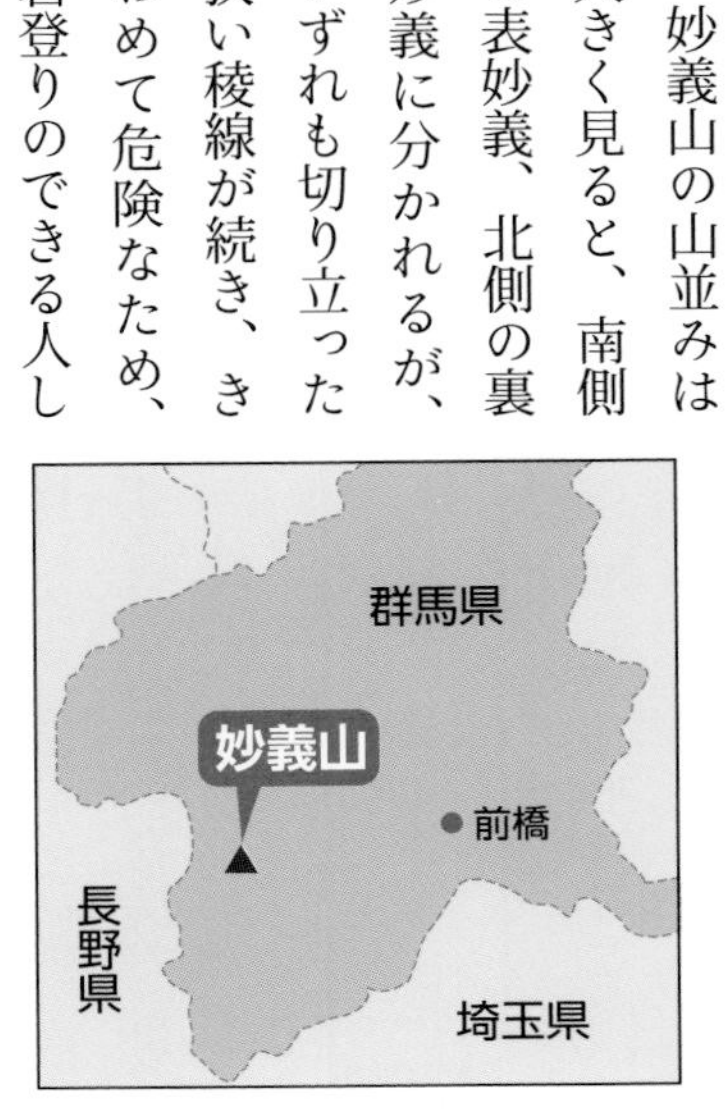

図1　妙義山

写真１　妙義山の奇景　危険な絶壁が連なっている

か入ることができない怖い山々になっている。崖をよじ登って稜線に出ようとすると、危険だからやめて帰れ、という警告が何度も出てくる。

険しい地形になった理由

妙義山がなぜこんなに険しい地形になったのか。これについてはまだ答えがない。この山を構成する地質は300万年ほど前に噴出した溶岩と凝灰角礫岩だということは明らかになっているが、地形については危険なせいか、誰も調べてこなかったのである。

何回か訪ねているうちに、第四石門のところでヒントが見つかった。石門自体は石でできた門だが、よく見ると左上から右下にかけて斜めの線が何本か見える(写真２)。これは妙義山を構成する層の境目で、溶岩と、礫が固まった凝灰角礫岩が数mごとに交互に堆積して作り出したものである。このうち溶岩の層は緻密で硬いが、凝灰角礫岩のほうは礫の一つひとつが風化でポロポロと剥離し

写真２　第四石門　斜めの線が見える

写真３　右側の角礫の層だけが剥がれて穴ができている　橋を作るのは左の溶岩の層

写真４　斜めの構造

やすく、長い年月の間にはそこだけ礫が剥がれてしまう（写真３）。その結果、石門ができたのである。

断層も関与か

写真４もよく見ると、左上から右下に向かう斜めの線が認められる。これも左上から右下にかけて、溶岩と凝灰角礫岩が交互に噴出したために生じたもののようにみえる。厚い溶岩の部分が硬いために残りやすく、それが岩峰群の多い地形の原形になっている。

しかし、写真１に示したような板状の地形はそれだけでは説明できない。この山には北東―南西方向の断層が入っており、それが表妙義と裏妙義を分けている。岩盤にはそれに平行に、あるいは直交する方向に大きな節理（割れ目）が入っていて、それに沿う部分が早く侵食され、残った部分が板状の地形になったようにも見える。危険な場所なので、調査もままならないが、３Ｄ画像を用いて解析すれば、もう少しわかるかもしれない。

7

山梨県

強風と岩塊がもたらした高山植物とコメツガ 国師ヶ岳・夢の庭園

背の高い亜高山針葉樹林となるべき場所が、
低木に覆われているのはなぜか？

2600mに近い高峰

山梨県甲府市の北20kmほどのところに金峰山(きんぶさん)（2599m）がある。立派な山容を持つ日本百名山の一つである（写真1）。この山の主な登山口になっているのが大弛峠(おおだるみ)（2360m）だが、ここから金峰山と反対方向、つまり東のほうに向かうと、国師ヶ岳（2592m）に登ることができる（図1）。山名は夢想国師（疎石）が修行したことにちなむとされている。峠からの比高は230mあまりに過ぎず、急傾斜だが、約1時間で登ることができる。また稜線に出ると関東山地の最高峰・北奥千丈岳（2601m）も間近にあり、ここにも

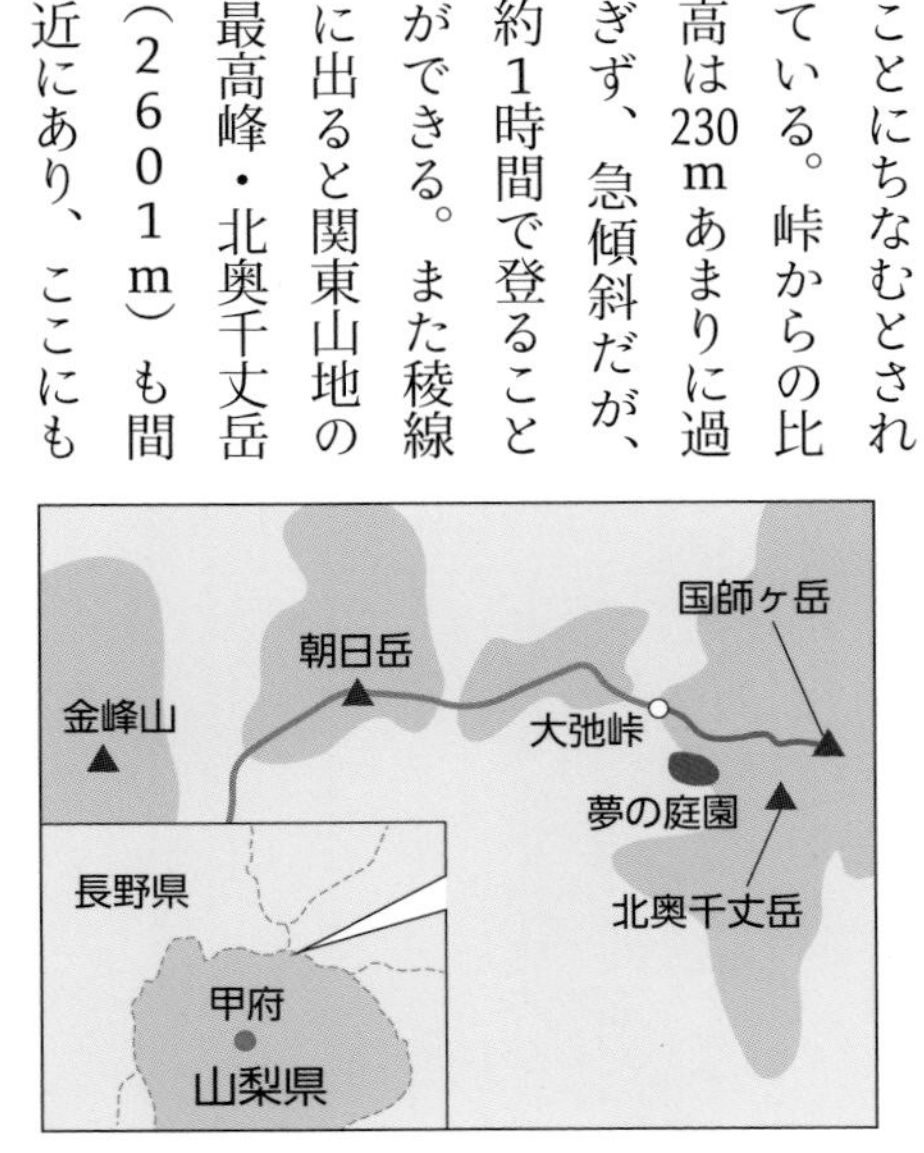

図1　国師ヶ岳

写真１　「夢の庭園」（手前）から見た金峰山　ピークから突出しているのが五丈岩

ついでに登る人が多い。

夢の庭園

国師ヶ岳には「夢の庭園」というロマンティックな名前の場所がある。名前は大弛小屋の方がつけたそうだが、もとはやはり夢想国師にちなんだものであろう。峠から標高にして50ｍも登ると、右への分岐があり、そこを入るとほどなくこの庭園に出る。ここは展望のよいポイントとして紹介されている。

確かに正面に金峰山の雄姿が見え、頂上から突出する「五丈岩」も確認できる。しかし、ここはただ展望を楽しむだけではもったいない場所である。

実はここには、ハイマツやコケモモ、ガンコウランをはじめとする高山植物が何種類も生育している。また本来ならば、シラビソ、オオシラビソのような背の高い亜高山針葉樹林になるべき場所なのに、低木化したコメツガやネズコ、ハクサン

写真２　夢の庭園　大きい岩を覆うように、コメツガやコケモモ、スノキなどが生育している

シャクナゲ、ダケカンバ、ナナカマド、スノキなどを見ることができる（写真２）。このことが庭園の景観を作り出しているのである。なぜこんなことが起こったのだろうか。

冬の強風と岩塊斜面

原因は二つある。一つはここが西に面した支尾根上にあり、冬場に強い風を受けることである。そのためここでは積雪がほとんど着かず、植物は寒冷な強風に直接さらされることになった。ハイマツやコケモモなどの高山植物が生育しているのはそのためである。

もう一つは、ここには氷河期に割れたとみられる、２、３ｍもあるような大きな花崗岩の塊が集積し、顕著な岩場を作っていることである。強風と岩場という悪条件は、背の高いシラビソ、オオシラビソの生育を困難にし、代わって厳しい環境に強いハイマツやコメツガ、ネズコ、ハクサンシャクナゲなどが生育することになった（写真２）。

写真３　金峰山の手前の朝日岳の支脈に見られる岩峰群

縞枯れ現象も

この山は全山が大小の岩塊に覆われていて、稜線付近ではきれいな縞枯れ現象も観察できる。これもこの山の見どころである。縞枯れ現象は八ヶ岳連峰の縞枯山が有名で、そこでは溶岩が割れてできた岩塊斜面が縞枯れの生じる場所になっている。ここのように花崗岩の岩塊斜面にできたケースは珍しく、縞枯れ現象の起こるメカニズムを考える上で、貴重な事例を提供してくれている。

岩峰の山

この辺り一帯の山々は主に花崗岩でできているが、ところどころ、写真３に示したような岩峰からなる部分が現れる。代表的な山は金峰山の西に位置する瑞牆山（みずがきやま）だが、なぜ一部の山だけがこうした地形を作り出すのか、まだよくわかっていない。

8

東京都

御岳山　断層が通る山岳信仰の山

1000mに満たない山で、地形が次々と大きく変化するのはなぜか？

山岳信仰と御師集落

御岳山は「おんたけさん」とも読めるが、正しくは「みたけさん」という。東京都内の青梅線の沿線にある、標高929mの山である（図1）。これに対し、長野県と岐阜県の境にそびえる、3000mを超える巨大火山のほうは、最近は、「御嶽山」と書いて「御岳山」の字は使わないようだ。

武蔵野からは、三角形の山頂が隣の大岳山の非対称の地形と並んでよく目立つため、江戸時代には山岳信仰の対象となり、おおいに栄えた。御師(おし)集落はその名残である。また明治時代に入ると、各地の

図1　御岳山

寺院には廃仏毀釈の荒波が襲うが、御岳山は神社が中心であったため、破壊は免れた。そしてそれ以降も山岳信仰はすたれることはなく、１９３４（昭和９）年には、登山者の需要に応じて登山電車（ケーブルカー）が設置された。

御岳山へは現在でもケーブルカーで登る人が多い。青梅線の御嶽駅で下車。バスに乗り換えて滝本駅まで行き、御岳登山鉄道に乗って御岳山駅まで。後は歩きである。青梅線の古里（こり）駅や五日市線のほうからも歩いて登ることができるが、標高差が大きいので、登山者は多くない。

写真１　御師集落

山体を切る断層

御岳山は、地質学的には秩父帯という古い岩石でできている。しかし山体の真ん中を北西―南東方向に走る、棚沢―星竹断層という大きい断層が走っており、その断層を境にして地形が大きく変化する。

御岳山駅から御師集落（写真１）を通って歩いていくと、突然、急な坂道が現れ、冬など登り降りに苦労するところがある。右手に神代（じんだい）ケヤキという名前のついた大きなケヤキのあるところである（写真２）。この坂道が実は地質の境目で、これまで通ってきた方向を振り返ると、左手が高くなった直線状の崖が続いているのが見える。これ

写真２　神代ケヤキ

が棚沢―星竹断層の活動でできた崖である。

メランジュ

実はここまで歩いてきたところは、秩父帯の泥岩や砂岩が地下の圧力でつぶされ、混じり合ってできた「メランジュ」という堆積物でできている。メランジュというのはフランス語のメレンゲ（混合物）に由来し、さまざまな種類の岩石がもみくちゃにされ、混じり合った状態を指しているが、御岳山駅から神代ケヤキに至る途中の崖でその状態を確認することができる。

御師集落のあるところは、御獄神社のある辺りを除いてほとんどがメランジュの分布地域に入っており、地形はなだらかだが、内部に小さな地すべりが起こり、それによって窪みができるために、その窪みを利用して、御師の家が建てられていることが多い。ところによっては地すべりが2段、3段と続いて、そこに家を建てているところもある。狭い平坦地をうまく工夫して、利用している

写真３　武蔵御嶽神社

といえる。

硬いチャートでできたロックガーデン

一方、御岳山の山頂付近に建てられた武蔵御嶽神社（写真３）付近では、地質がメランジュから、硬いチャートに変化する。チャートは鉄よりも硬い岩石なので、地形も急に険しくなって、七代(ななよ)の滝へ下ろうとする人を躊躇させるほどになる。降りた先に七代の滝（写真４）があるが、その先を登ると、ロックガーデン（岩石園）と名づけられた場所に出る。ここではチャートの岩壁や巨岩が次々に現れるなど、地形が急に険しく、荒々しくなり、訪ねた人を驚かせる。滝もいくつかあるが、いずれもチャートの岩盤にかかったものである（写真５）。

ロックガーデンではブナらしい葉を見つけ、もしかしたらブナが生えているのではないかと、一瞬期待した。ブナならば、本来、日本海側に生育する植物であるから、三頭山と同様、寒冷な小氷期に発芽し生育した、「生きた化石」である可能性が高いからである。しかしながら葉をよく調べてみたら、残念ながらイヌブナで、その可能性はなくなった。

写真４　七代の滝

写真５　ロックガーデン　チャートの岩場が連続する

9

長野県

木曽駒ヶ岳千畳敷カール 断層で切られた日本で唯一のカール

日本有数のお手本的「カール」を擁する山。
実は珍しい地形も豊富。

美しい氷河地形

中央アルプス（木曽山脈）の最高峰・木曽駒ヶ岳（2956m）には（図1）、千畳敷カールという、美しいカールがある（写真1）。ロープウェイの終点・千畳敷駅（海抜2600m）を出るとすぐ前に広がる、大きなすり鉢状の窪みがそれにあたる。千畳敷とは広さが畳千枚分もあるという意味だが、実際ははるかに広い。ここは夏になると、シナノキンバイやハクサンイチゲ、コバイケイソウなどさまざまな美しい花々が咲き乱れ、散策するにはもってこいのところである。

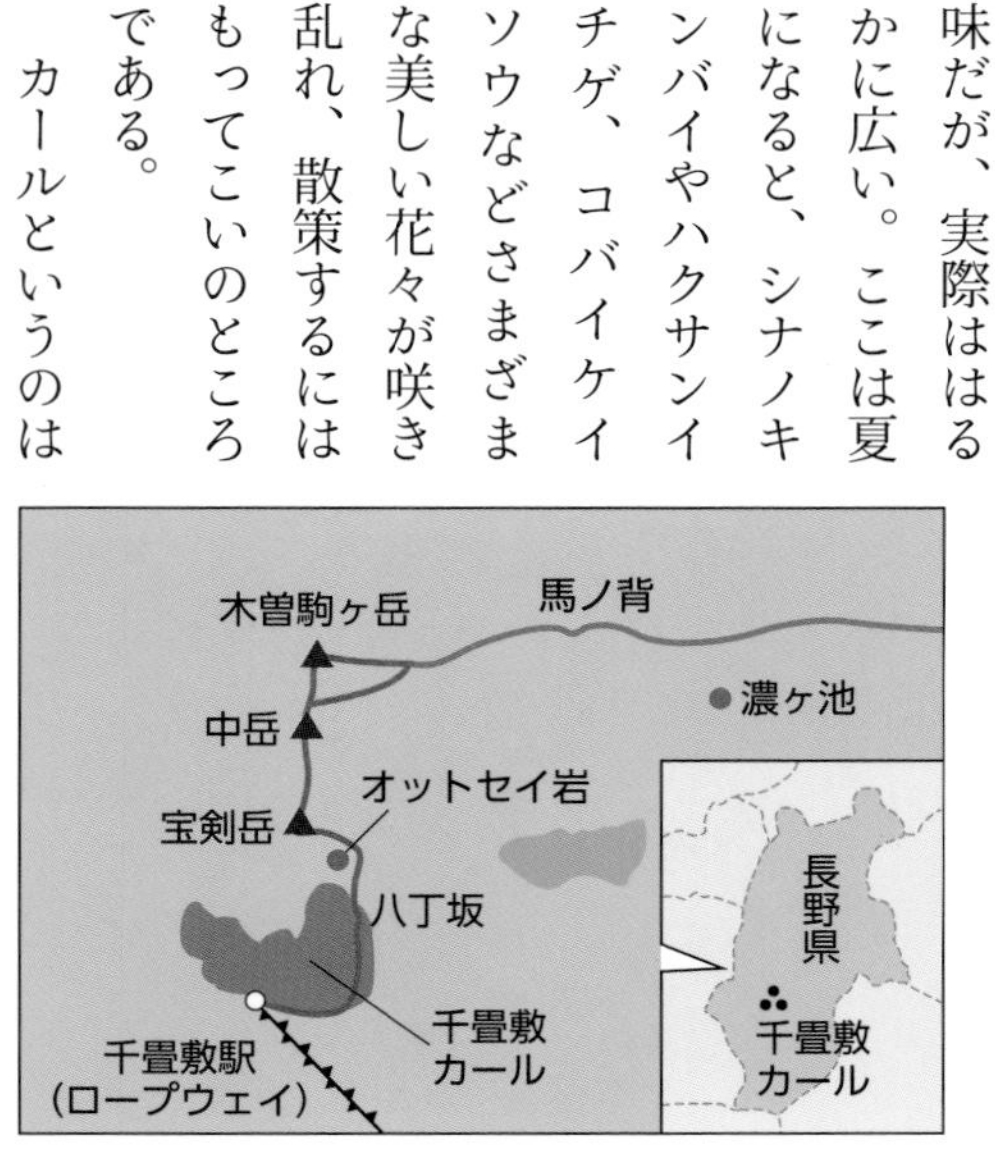

図1　木曽駒ヶ岳

カールというのは

写真１　千畳敷カール

ドイツ語で、氷期の氷河の侵食が作り出した、お椀を半分に切ったような地形を指す。日本語では「圏谷」と訳されている。圏は丸い、という意味で、訳者は湯川秀樹の父で京大教授だった小川琢治（たくじ）である。英語ではサークというが、これはサークルやサーカスと語源が同じで、丸いとか輪という意味である。

2段になったカール

千畳敷カールは日本有数の標識的なカールで、山の本にもよく取り上げられる。しかしこのカールには、日本の他のカールには見られない特色がある。それはカールが断層によって切られ、2段になっているということである（写真2）。写真はカールの壁を登っている途中の八丁坂から写したもので、中央にある崖によってカールの底にできる草原が2段になっていることがわかる。この崖は断層によってできた崖で、宝剣岳など稜線側が隆起することによって生じたものである。登山道

写真２　２段になったカール

の横の基盤には断層が認められ、また写真を撮った場所の近くには、オットセイのような形をした岩があって、その右側を断層が通過しているのがわかる。断層のできたのは、氷期が終わってカールの中にあった氷河が消滅した直後であろう。

エーデルワイスの仲間・ヒメウスユキソウ

八丁坂を登って稜線に出ると、浄土平という平坦な場所に出る。そこからは二つの山小屋と中岳がよく見え、濃ヶ池カールの窪みも見える。頂上は中岳を越えた奥にあるので、中岳を越え、そこを目指す。ただし中岳と本岳の鞍部に下りたら、直接頂上を目指すのではなく、頂上小屋の横を通って濃ヶ池のほうに向かおう。そのほうがいろいろなものを観察できるからである。緩やかな登りを上がっていくと、途中から写真３に示したような階段状の地形が見え始める。多いところでは数十段も段々になっている。みごとなものである。

これは、岩が砕けてできた礫と細粒物質が、重

写真３　階段状の地形　横から見たもの

力の働きで下方に移動していくうちに、大きい礫が表面に出てきて砂礫の動きを止めてしまうためにできる地形で、遠くから見ると縞々模様に見える。かなり珍しい地形である。

稜線に出たら、今度は頂上に向かおう。そこでも階段状の地形はよく見え、草付きにはエーデルワイスの仲間ヒメウスユキソウが花をつけているのが見える（写真４）。世界中でこの山にしか分布しない固有種だから、よく観察していただきたい。

稜線に並行する小さい断層も

そのまま頂上に登っていくと、右手（北側）に急な崖に囲まれた大きいカールが見える。このカールを「正沢カール」と呼んでいるが、このカールの縁にあたる稜線では、ところどころ稜線に並行して、線状の窪みがあることに気がつく（写真５）。これはかつて二重山稜と呼ばれてきた地形で、カール内にあった氷河が消えたために、稜線が支えを失って数m滑ったものである。いわばご

写真４　ヒメウスユキソウ

写真５　正沢カールに面する稜線沿いで見られた２列の線状凹地

く小規模な断層で、地形学者はこの窪みを「線状凹地」と呼んでいる。

線状凹地は木曽駒ヶ岳周辺だけでなく、はるか南の空木(うつぎ)岳や南駒ヶ岳辺りまで、稜線沿いにたくさん見られ（写真６）、大きいものは舟のような形をしている。縦走する時は注目してほしい。

他にも珍しい地形がいろいろと

木曽駒ヶ岳には他にも珍しい地形がいろいろある。岩塊斜面というのは、氷期の寒冷な気候下で、基盤の花崗岩が割れ目に沿って大きく破砕され、それによって生じた直径１ｍから３ｍくらいの岩塊が累々と堆積した地形を指している（写真７）。木曽駒ヶ岳は標識的な岩塊斜面が見られる山で、中岳の頂上付近をはじめ、

写真６　空木岳（中央奥）から南駒ヶ岳（右奥）に続く稜線　空木岳の山頂部は何本もの断層で切られているのがわかる　手前の稜線にも断層が見える

写真７　中岳の山頂近くで見られる岩塊斜面

写真８　ペーブメント

至るところで見ることができる。

また本岳と中岳の間の緩い鞍部を下っていくとテント場があり、その下方は水場になっているが、その先にはペーブメント（舗石）と呼ばれる、ローマ時代の石造りの道路のような地形がある（写真8）。表面が均され、平らな面を上に向けた岩塊が、窪地の斜面につながるように配列している。面白い地形である。冬場、雪が厚く積もる窪地の内部で、雪圧と雪解け水の働きで、大きい岩塊が動かされ、表面が均されたものらしい。今のところ日本では一つしか報告されていない珍しい地形である。

第3章

火山

北海道

1

火山としての大雪山の自然を見なおす

大雪山は旭岳を最高峰とする火山群で、
さまざまな地形と植生が見られる。

30代だった頃、私はよく大雪山に出かけた（図1）。大雪山の東部に位置する小泉岳や白雲岳、そしてその南に続く高根ヶ原一帯で、永久凍土の分布地域の植生や構造土について調べるためである。

図1　大雪山

その後、しばらく大雪山はご無沙汰していたが、数年前、久しぶりに姿見の池から旭岳に登り、間宮岳を経由して黒岳のほうに下りた。このコースの登山は30年ぶりくらいだったが、そのせいかいろいろ気がつくことも多かった。ここではその際に気がついたことを順番に紹介したい。

旭岳温泉から旭岳へ

ロープウェイの終点「姿見駅」から出発する。

写真1　姿見の池を見下ろす稜線上から地獄谷の崩壊跡と噴煙を望む

正面には地獄谷が見え、あちらこちらから白い噴煙が盛んに上がっている。ここは3000〜2000年前に起こった大きな山体崩壊の跡で、1000年前からはその内部で水蒸気爆発が繰り返し起こり、600〜500年前には姿見の池などの火口湖ができた。

姿見の池を見下ろす稜線上に出ると、地獄谷の噴煙が間近に見え（写真1）、硫黄の臭いもするようになった。火口に面する斜面にはエゾノツガザクラやチングルマが大きな群落を作って咲いている。足元には軽石が堆積しており、イワブクロやイソツツジ、マルバシモツケなどが生育している（写真2）。

この辺りからようやく登りにかかる。稜線上には放り出されたとみられる巨大な岩塊がいくつも載っている（写真3）。この辺りから火山ガスの影響が現れ始め、植物はイソツツジとハイマツ、ガンコウランが目立つようになってきた。それより上では植物は急に乏しくなり、マルバシモツケとコメススキが礫地に点在するだけになった。火口

写真２　火山礫地の植物群落

内を覗くと、ほぼコメススキのみになり、細かい砂礫地にチシマヒメイワタデがわずかに見られる。稜線上から外側斜面でも植物は乏しくなり、チシマヒメイワタデとマルバシモツケが点在するだけになった。ガスの影響で周囲の森林限界は大きく下っている。

旭岳山頂まで

どんどん登って旭岳山頂が間近になったが、まだ植物は乏しく、とくに地獄谷の内部では皆無になった。火山ガスの影響と、地表面の不安定さが原因であろう。山頂直下では溶岩に代わって、岩屑が表面を覆い、その隙間にイワヒゲやイワスゲ、キバナシャクナゲなどが見られるようになってきた。

旭岳山頂に到着。その後、しばし残雪の上を下り、間宮岳との鞍部まで降りて再び登りにかかる。拳大程度の黒いスコリア（火山礫）が地表面を覆う。

写真３　稜線上の岩塊とガンコウラン群落

間宮岳付近で水蒸気爆発の痕跡

火山ガスの影響がなくなって植被が増えてきたが、風の強さの程度によって、成立する群落が異なっているように見える。風のやや弱い場所にはキバナシャクナゲの群落ができ、やや強いところにはメアカンキンバイとスゲ類からなる群落が分布する。強風地にはイワヒゲとメアカンキンバイの群落ができ、風食による侵食作用も見られるようになってきた。砂礫地にはエゾイワツメクサとチシマクモマグサが点在する。

突然、足元が褐色のスコリアに変わった。鶏卵大あるいはもう少し小さい粒が地表を覆い、植物は生えていない。霧が出てきたので、どの程度の広がりを持っているのかはっきりしないが、直径で100〜200ｍくらいの狭い範囲のようだ。植物がないことから判断すると、ごく新しい時期に小さな水蒸気爆発があったとみられる。これまでも、同様の白色軽石の堆積した場所（写真４）や、そこ

写真４　地表を覆う軽石

にタカネスミレのみが点在している場所が何か所かあったから、この辺りでは、いろいろなところで小さな水蒸気爆発があったことがわかる。

風の当たらない浅い沢筋に入ると、そこではキバナシャクナゲやチングルマ、エゾノツガザクラなどが密に生育している。再び強風地に出てしばらくして間宮岳の山頂に着く。ここからは北にある北鎮（ほくちん）岳を目指して、お鉢平カルデラの縁を歩くが、雨模様になったうえ、南北に延びる稜線なので、西風が強く当たり、歩行が苦しい。植被はイネ科・カヤツリグサ科の風衝草原になっているところと、イワヒゲやイワウメといった矮性低木群落になった場所の両方があるが、前者のほうが強風地に分布するようだ。

霧が出てきたため、場所が特定できないのだが、中岳からの下り辺りで、不思議な堆積物を見た。それまでずっと拳大の黒いスコリアが表面を覆っていたのに、その一帯だけ火山砂が厚く堆積して砂丘状の高まりを作っていたのである（写真５）。これを構成するのは火山砂だが、見かけは海岸の

写真５　風食を受けた火山砂の堆積物

砂丘にそっくりである。供給源はおそらく近くで起こった水蒸気爆発であろう。この砂丘状の高まりはイワヒゲやイワウメからなる風衝矮低木群落に覆われているが、風食を受けて、深い亀裂ができ、断面が見えている。

雲ノ平の大規模な凍結割れ目

北鎮岳への分岐を過ぎ、雲ノ平まで下りて、ようやく一息ついた。しかし霧と雨で見通しが利かないので、黒岳の石室（山小屋）まで急いで下る。翌日、朝から天候が回復したので、雲ノ平まで戻って観察をやり直した。雲ノ平は広い台地で、吹きさらしの場所には、写真６に示したように風衝矮低木群落が縞々模様を作って分布し、やや傾斜のあるところでは階段状の地形を作る。群落を作る主な植物は、イワヒゲやイワウメ、ミネズオウである。

この辺りや近隣の北海平の構造土については、かつて明治大学の小疇尚（こあぜたかし）さんが精力的に調査さ

写真6　植被の作る縞模様　雲ノ平

れていた。私も大学院生だった時、寒冷地形談話会の観察会で、小疇さんに案内してもらって見学したことがあるが、自然の力だけでこういう不思議な地形ができることに感銘を受けた記憶がある。

ここは3万年前にお鉢平のカルデラができた時に噴出した、火砕流が堆積して生じた台地である。ここでは幅30㎝、深さは1m以上もあるみごとな化石凍結割れ目も観察できた（写真7）。これは、規模の大きいことや植被に覆われていることから考えると、現在形成中のものではなく、現在よりはるかに寒冷だった最終氷期の極相期に開い

写真7　大規模な凍結割れ目
溝が数十mにわたって続いている

写真８　お鉢平カルデラ

たものだと推定できる。当時は内部に大きいアイスウェッジ（氷の楔）ができ、割れ目は現在よりもはるかに大きく開いていたであろう。

雲ノ平を登りつめた辺りからお鉢平の全貌が見えた（写真８）。ごく浅いカルデラで、底を川が蛇行しつつ流れている。ここから噴出した火砕流が石狩川の谷を埋め、それが削られて層雲峡ができたというストーリーがあるが、どこからそんなに大量の噴出物が出たのかと、不思議に思うほどである。

アースハンモック

雲ノ平から黒岳の石室に向かって下ると、途中、ときどき強風地を外れ、風背地に入る。ここではなだらかな斜面上に、直径２ｍ、高さ１ｍくらいのアースハンモック（十勝坊主）がたくさんできている（写真９）。

雪解けがやや遅い凹地の底にあたる場所では、アースハンモックはなくなり、代わってエゾコザ

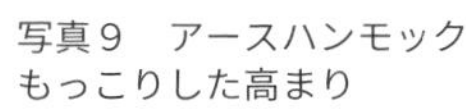
写真9　アースハンモック
もっこりした高まり

クラあるいはコバイケイソウの群落が現れる。それよりわずかに高いところではチングルマが群落を作り、その周囲の微高地にエゾノツガザクラが分布する。この順番は他の場所でもほぼ一定で、変わることがない。

雪渓のそばで咲くミネズオウ

黒岳の石室から南の白雲岳のほうに向かったところ、雪解けで増水した水の流れに行く手を阻まれ、引き返さざるを得なくなった。ただそこにあった雪渓のそばで不思議なものを見た。ミネズオウの花である。ミネズオウは強風地に分布するのが普通だが、ここでは雪が消えたばかりの雪渓の横でピンクの花をつけていた（写真10）。こんなミネズオウは初めて見た。ここのミネズオウも強風地と残雪の周りという両極端の場所で育つことが可能な植物のようだ。植物生態学の教科書に載せてもいいような面白い事例だと思う。

コマクサはどこに

今回辿ったコースでは、コマクサをわずかしか見なかった。コマクサのみごとな山としては、北アルプスの白馬岳や燕岳、蓮華岳辺りが有名だが、実は火山にもコマクサはたくさん生育している。岩手山、秋田駒ヶ岳、蔵王山、御嶽山などがこれに該当し、その中には大雪山も入っていたように記憶している。コマクサはなぜ少ししかなかったのだろうか。

30年くらい前に歩いたコースのうち、銀泉台から赤岳や小泉岳を経て白雲岳に至るコースで、コマクサをたくさん見た記憶があるので、このこと

写真10　雪解け直後に咲いたミネズオウ

から考えると、大雪山ではコマクサの分布は赤岳と小泉岳辺りに集中しており、これ以外の場所ではほとんどない可能性がある。

大雪山でコマクサが意外に少ない理由としてまず考えられるのは、地獄谷からの噴煙の影響である。有毒な噴煙が常に上がり、風で吹きつけられるのだから、そんな場所でのコマクサの生育はまず無理であろう。

もう一つ、今回、雲ノ平などの平坦な場所を見ていて気がついたのだが、植被と礫地が交互に配列して生じた縞模様の上では、構成する礫が拳大程度と意外に大きく、それが表面をびっしりと覆っていて、表面礫にはほとんど動きが見られない。これではコマクサの生育は困難である。昔撮影した、赤岳辺りのコマクサの生育地の写真を改めて見てみると、スコリアと白や黄の火山灰が混じって、不安定な砂礫地を作っているようなところに、コマクサが生育しているように見える。やはり表面の砂礫地の動きが大事な役割を果たしているようである。

それでは今回、通ったルートのそばで、コマクサが生育していたのはどんなところだったのだろうか。私の観察では、わずかに傾いた場所で、横または正面から強風を受けて、風食が起こっているところである。風食によって表面にあったスコリアや火山礫が削り取られ、下にあった細かい礫や火山灰が出てきて、不安定になったところにコマクサが生育している。雲ノ平のように平坦な場所が続くところや表面の礫が大きいところでは、風食が起こりにくいから、結果的にコマクサの出現する場所は著しく限定されてしまっている可能性が高い。

北海道

北海道駒ヶ岳 大沼国定公園のシンボル

江戸時代に噴火を繰り返した「新日本三景」の一つ。

北海道駒ヶ岳は、北海道の西南部にある内浦湾の南の縁にそびえる活火山である（図1）。標高は1131m。南側にある大沼からの展望が優れていることから1958年、大沼国定公園に指定された。また1915年には三保の松原、耶馬渓とともに「新日本三景」に選ばれている。

図1　北海道駒ヶ岳

江戸時代から噴火が始まる

噴火史を見ると、駒ヶ岳はおよそ5000年間、ずっとおとなしかったが、江戸時代はじめの1640年、地下からマグマが上昇してきて山体が膨れ上がり、標高1700mほどあった円錐状の山体が南に向けて崩壊し、併せて噴火も始まっ

写真１　大沼から見た駒ヶ岳と流れ山（手前、湖の中の島）

図２　谷元旦の描いた駒ヶ岳

た。この崩壊と噴火によって、この山では岩石雪崩と大量の軽石からなる火砕流が発生し、山麓の折戸川をせき止めて、大沼、小沼を作り出した。現在、二つの湖で見られる多数の小島は、この時運ばれた土砂が作り出した「流れ山」である（写真1）。またその直後、今度は北側に向けて崩壊が起こり、内浦湾に流入、大津波が発生して、700人が死亡した。

このように近年の駒ヶ岳はなかなか荒々しく、現在はほとんど噴煙を上げていないが、江戸時代には、大噴火、小噴火を繰り返し、阿蘇山や浅間山を上回る噴煙を上げていたという。

図2に示したのは、江戸時代後期の1799（寛政11）年、山の画家として有名な谷文晁の弟・元旦が描いたもので、山頂部を囲むように、溶岩が峨々たる岩峰を作っているのが見える。し

写真２　中腹に生育するカラマツ

かし１８５６年の噴火で安政火口が生じ、また１９２９（昭和４）年の噴火では、山頂部は図の左端の突出部を残して崩れ落ち、写真２に見る、馬の背のような丸みを帯びた山容に変化してしまった（なお噴火の影響については、記録が乏しいため、資料によって食い違いがあり、正確なことはわからない）。

カラマツが生育

１９２９年の噴火以降、山麓からカラマツの生育が始まり、中腹まではほぼ緑が回復してきた。しかしその後も、小噴火が相次いだため、中腹以上の部分では植被の回復が遅れ、赤茶けた火山荒原の景色が継続してきた。しかし１９９０年代に入ると噴火が落ち着き、山麓ではカラマツの他、エゾマツやトドマツ、ドロノキの生育も始まり、また中腹から山頂にかけての部分でも、ミネヤナギやシラタマノキ、ススキといった先駆植物の生育が目立つようになってき

写真３　駒ヶ岳山頂部の地形と植生　手前はミネヤナギ、奥に立っている植物はカラマツ

た。山頂部でも平坦な場所は安定しているため、近年、シラタマノキとミネヤナギの侵入が顕著である（写真３）。一方、山頂周辺の斜面は軽石や火山砂礫が堆積して不安定なため、植物は定着しにくく、ウラジロタデやイワブクロといった先駆植物が早く入り込み、イワギキョウなどがそれを追いかけているように見える。

写真４　恵山の火山群

恵山も新しい火山

渡島（おしま）半島にはもう一つ活火山がある。恵山（えさん）である。渡島半島は南部がクジラのしっぽのように二つに分かれるが、そのうち東に延びている半島を亀田半島といい、その先端に恵山がある。標高は618mに過ぎないが、小さいながらもカルデラを形成しており、その東側、つまり半島の先端に近いところに溶岩円頂丘がいくつもあって、全体が火山群を構成している（写真4）。恵山の名前は、アイヌ語の「エ・サン」（溶岩が出る）にちなみ、山が噴火し、軽石を放出したことによるという。

溶岩円頂丘にはいくつもの火口があり、そこから噴煙が上がっている。

写真5　火口原のマット状の植生

カルデラの内部は平坦な火口原になっていて、ガンコウランやイソツツジ、サラサドウダンなどの矮低木とウラジロタデなどの草本が生育し、丈の低いマット状の植生が広く分布している（写真5）。

駒ヶ岳で多く見られたカラマツは、マット状の植生の中に侵入し始めているが、まだ小さく数も少ない。盛んに噴出している噴煙（毒ガス）の影響で植生遷移が進みにくいのであろう。

3

秋田県

秋田駒ヶ岳 どんどん変化する 不思議な山

あり得ないはずの植生群落ができたのはなぜか？

秋田駒ヶ岳（1637m）は、行くたびに自然がどこか変化していると いう不思議な山だ（図1）。この山は秋田県の東部に位置する田沢湖のすぐ東にある活火山で、現在は八合目までバスで行けるから、登るのもずいぶん楽になった。

図1　秋田駒ヶ岳

私が最初に登ったのは、1970年、大学4年の夏である。乳頭温泉から一人で歩き始め、乳頭山に登り、池塘の美しい千沼ヶ原（せんしょうがはら）に寄って、笊森山（ざるもりやま）、湯森山を経由して秋田駒ヶ岳に至った。そこからさらに南下して国見峠まで下り、そこからバスに乗って盛岡に出た。今考えると、ずいぶん長い距離を歩いたものだと、感心してしまうほどの長さである。

写真１　大焼砂　奥の黒い斜面　上部だけ黄色く色がついている　1970年

大焼砂を見る

この時、駒ヶ岳では大焼砂（おおやけすな）という名前のスコリア（火山礫）原を通過し（写真１）、一面の黒い礫地に広がるタカネスミレの大群落を見て驚いた

写真２　タカネスミレ群落

写真３　2016年の大焼砂　　手前の緑はミヤマトウキ、奥の黄緑はオヤマソバ

（写真２）。近くに寄って見ると、タカネスミレは帯状に分布し、遠くから見たよりはるかに密に生育している。また地面を見ると、黒い礫だけでなく、灰色をした安山岩の礫もかなり混じっており、なぜか灰色の礫のほうがサイズが大きく、不思議だった。たまたま出会った人が、ここは時期をずらすとコマクサが一面に咲いているのを見ることができるんだよ、と教えてくれたが、ちょっと信じがたい話であった。

考えてみると、その年の９月17日に女岳で噴火が起こっているので、私は１か月余り前にそばを通過したことになる。すると大焼砂で見た黒いスコリア原は、９月の女岳の噴火とは関係がないことになり、では大焼砂はいつできたかという疑問が出てくる。スコリア原の新鮮さからみて、おそらく20年か30年くらい前、大焼砂付近で小さな噴火が起こり、黒いスコリアや火山礫を噴出したのではないかと想像した。ただ小さい噴火の上、主要なピークから外れたところでの噴火だったので、ほとんど注目されなかったのではないかと考えられる。この山では他に、横岳から湯森山に向かう途中にも、コマクサくらいしか生えていない真っ黒な尾根がいくつもあるから、いろいろなところで、小さな噴火が起こっていたに違いない。

20年くらい経って、大焼砂を再び見に行ったら、タカネスミレが密生するようになり、コマクサ、ミヤマトウキ、ミヤマキンバイ、イワブクロなどが生育を始めるなど、植生はかなり変化していた。3回目の観察は1970年の観察から46年経った2016年だったが、植被はさらに増加して、大焼砂はもはや黒く見えなくなっていた（写真3）。オヤマソバやミヤマトウキ、イワベンケイが大きな群落を作り、空いた場所にタカネスミレとコマクサが点在していた。主役はすっかり入れ替わったのである。

霧がかかっていたため、写真1のような全景写真は撮れなかったが、遠くから見ても大焼砂はもう黒くは見えないのではないかと思う。今、考えてみると、写真1・2は植生の遷移を示すずいぶん貴重な写真になったといえよう。

湿地にミヤマダイコンソウが出現

ところで、2016年の登山で不思議なことに気がついた。阿弥陀池の西側の、半分水に浸かったような湿地で、チングルマと一緒に生えているミヤマダイコンソウを見つけたのである。ミヤマダイコンソウといえば、高山帯の強風が吹きさらす場所に生えているのが普通である。私もこれまで北アルプスの双六岳や八ヶ岳、大雪山などいろいろな場所で見ているが、すべて風の吹き抜けるところか、岩壁の棚のような場所であった。

女目岳の南にある阿弥陀池のそばは、水びたしになっていて、チングルマの他にガンコウランも生えている。これにミヤマダイコンソウが加わったのだから、もうあり得ないような無茶苦茶な群落である。なぜこんな群落ができたのだろうか。考えられるのは、ミヤマダイコンソウも実はガンコウランと同じようなパイオニアで、乾湿の両極端な場所でも生育できるのではないかということ

写真４　ミヤマダイコンソウ群落（中央左）　右側に生えているのはタカネバラとガンコウラン　奥はハイマツ群落　手前はタカネスミレの群落

である。周りをよく観察すると、湿地には凍上でできたとみられる谷地坊主（やちぼうず）の高まりができており、さらにその頭が風食を受けて削り取られている。まさに踏んだり蹴ったりといった感じの厳しい環境である。ミヤマダイコンソウはこんな場所でも生えるのだから、たいしたものである。

前で述べたように、横岳から湯森山に向かうところでも、黒い色の火山砂が堆積した場所が何か所もあり、ここでも丈の低いハイマツの縁の部分にミヤマダイコンソウやガンコウランが生えている。これもパイオニアとして入り込んだものだろう（写真４）。

山全体にパイオニア植物が

秋田駒ヶ岳の特色として、亜高山針葉樹林がほとんどなく、山全体にハイマツやハクサンシャクナゲ、ドウダンツツジ、キャラボク、ミネカエデ、ナナカマド、マルバシモツケなどの低木が優占し、偽高山帯と呼ばれる景観を示すことがあげ

写真５　千沼ヶ原湿原

られる。亜高山針葉樹林がまったくないわけではないので、研究者の中には、この一帯では森林の復活が遅れているのだと考えている人もいる。火山活動の新しさに原因を求める考えもある。

この山では、大焼砂のようなスコリアや火山礫の分布する場所が広く見られ、それ以外の場所でも低木や草原の下に溶岩があったり、ガサガサの火山礫があったりして、その上では植被があっても土壌がほとんどなかったりする。このことから、私はこの山ではここ数百年の間、噴火が頻発し、溶岩や火山礫やスコリアに覆われたところでは、植被が絶滅し、そのために偽高山帯のようになったのではないかと考えている。

北にある乳頭山や千沼ヶ原一帯では（写真５）、長い間、火山活動がなかったため、亜高山針葉樹林がよく発達する。この対比を観察するのも面白い。

この山はちょっと視点を変えると、奇妙な現象がいろいろ見えてくる。興味を持たれた方はぜひ調べてみていただきたい。

4

福島県

磐梯山 爆発カルデラ内の驚きの植生分布

同じカルデラ内部で、場所によって植生が異なるのはなぜか？

天につながる梯子

磐梯(ばんだい)山は福島県の猪苗代湖のすぐ北にそびえる海抜1816mの火山である（図1）。この山は、もともとは岩梯(いわはし)山といい、天につながる岩の梯子の山という意味であった。まさに典型的な山岳信仰の山だということができる。また会津富士とも呼ばれ、民謡にも歌われた秀麗な山であった。しかし1888（明治21）年、山体の北側が大きく崩れて大規模な岩屑雪崩が発生し、山麓に甚大な被害をもたらした。また崩壊跡には巨大な馬蹄形の窪み（爆発カルデラ）ができ（写真1）、中腹から山麓にかけては桧原(ひばら)湖や小野川湖をはじめとする裏磐梯の湖沼群と多数の流れ山が残った（写真2）。こ

図1　磐梯山

写真１　崩壊でできたカルデラと銅沼（あか）

写真２　せき止めでできた湖の一つ、桧原湖と湖畔の流れ山

写真３　アカマツの大木

写真４　シラタマノキ群落

の崩壊は明治時代になってから初めての、国家レベルの大災害で、明治政府を震撼させたが、３年後の１８９１年には岐阜県西部の根尾を中心に、マグニチュード8.0という巨大地震・濃尾地震が発生し、さらに大きな打撃を与えた。これは内陸で発生した地震としては史上最大級の地震で、死者は７２００人に達した。

アカマツの大木とシラタマノキの対比

20数年前、私は爆発カルデラの内部に初めて入ってみた。そしてその植生が、一部では直径50㎝を超えるアカマツの大木が育っているのに（写真３）、他の場所では高さ10㎝程度のシラタマノキ（写真４）やコメススキなどの亜高山植物が生育していることに驚いた。なぜこれほどの大きな違いが生じたのか不思議である。

この問題を当時、東京学芸大学の大学院生であった仲尾剛君に、修士論文のテーマとして調べてもらうことにした。仲尾君は文献調査に加え、

写真５　アカマツ低木林　1954年の乾いた堆積物の上に成立している
林床の矮低木はシラタマノキ

全域を歩き回って地形・地質や植生を調べ、爆発カルデラの内部では、１８８８年だけでなく、１９５４年にも山頂部の崖が崩壊し、それが植生分布に関わっていることを明らかにした。

１９５４年にも崩壊が

磐梯山は崩壊以前には、大磐梯（おお）、小磐梯（こ）など四つの峰からなっていた。１８８８年にはこのうち北側にあった小磐梯の山体が大きく崩れ落ち、山容を著しく変化させたが、１９５４年にはその縁の残りの部分が再崩壊した。この崩壊は１８８８年のものに比べれば、規模は小さいが、崩れた堆積物は爆発カルデラ内部の広い範囲に広がり、流れ山や凹地を作った。堆積物は主に黄土色の火山灰が固まった乾性のもので、１８８８年に崩れた礫と粘土が混じった堆積物とは明らかに異なっている。

調査の結果、アカマツの大木が生育しているのは１８８８年の堆積物上で、シラタマノキが生育

写真6　1954年の水つき堆積物上のカンバ林

しているのは、１９５４年の新しい堆積物の上であることがわかった。ただここは、場所によっては高さ５〜６ｍのアカマツが疎らに生え始めており（写真５）、シラタマノキ群落からアカマツ疎林にゆっくりと遷移が進みつつあることがわかる。

この１９５４年の崩壊については、地質学者が報告していた他、およそ20年経った１９７０年代に東北大学の植物生態学の研究者が調査し、荒地にコメススキやシラタマノキとススキが生え始めていることを明らかにしている。しかしその後の変化についてはほとんど調査されることがなかった。

１９５４年の崩壊物質の一部は、現在よりはるかに広かったとみられる銅沼（あかぬま）に突っ込んで水つきの堆積物となり、湖底の泥を取り込んで移動した。その結果、この泥にまみれた堆積物は全体に湿っぽくなり、その上には現在、ダケカンバとウダイカンバを中心とする森林が成立した（写真６）。林床にはオシダが繁茂している。この群落については、仲尾君が大喜びで報告に来たのでよく記憶し

写真７　巨大な安山岩岩塊の堆積

ているが、彼が藪をくぐっていろいろ這い回った末に発見したもので、裏磐梯スキー場を登り詰め、平坦になった辺りで観察することができる。

　また銅沼の南西側の山寄りには、灰色の巨大な安山岩岩塊が堆積した高まりもあり、岩塊は大きなものでは小さな家一軒分ほどもある（写真７）。これは最後に崩れたらしい。ここにはドウダンツツジやノリウツギ、ススキなどが生育しつつある。

五つの群落に

　まとめると、１８８８年の岩屑雪崩堆積物上にはアカマツの大木からなる林が生じたのに、１９５４年の堆積物の分布地では、黄土色の火山灰が固まった崩壊物質上に、主にシラタマノキの群落と、アカマツの低木疎林が成立していた。そしてそれ以外では、かつての銅沼の上を通過した泥質堆積物の上に湿性のダケカンバ・ウダイカンバ林ができ、安山岩の巨大な岩塊上にはドウダンツツジ、ノリウツギの低木林が成立した。つまり

写真８　崖錐上の植生　上部の壁を作る岩石の違いによって崖錐上の岩屑の粒径が異なり、それを反映して生育する植物が違ってくる

崩壊の年代とそれぞれの堆積物の性格の違いによって、五つの群落ができたわけである。私の持った疑問はこれで解けたことになる。いい論文を書いてくれた仲尾君に感謝したい。

崖錐と扇状地の植生

最後に本題からは外れるが、崖錐（がいすい）と扇状地という、現在できつつある地形の上にできた珍しい植生について述べておきたい。崖錐というのは、周囲を囲むカルデラ壁の縁が壊れて落下し、それが崖の下に堆積したもので、およそ33度前後の傾斜をもった斜面を作る（写真8）。

カルデラ壁の地質によって、崖錐を作る岩屑の大きさは、巨大な岩塊から人頭大、拳大の礫、砂礫と、かなり異なっていて、表面を覆う植生に違いをもたらしている（写真8）。全体にまばらに植生がついているが、落石があって危険なので、斜面に立ち入って調査をすることはできなかった。ただ崖錐の末端から平坦地にかけては、径１ｍを

写真９　扇状地上の植生　右上が扇頂　手前ではアカマツとカラマツの住み分けが見られる
左側の緑はアカマツ、右側の黄緑はカラマツ

超す大きな岩塊が集積して、そこにススキなどに混じってカラマツの大木が生えている。自然に生えたカラマツというのは、こんな奇妙な土地を好むらしい。

扇状地というのは、豪雨の時などに土砂が水と混じって沢の中を移動し、沢の出口で土石流となって広がり、堆積したもので、傾斜は数度から十数度とかなり緩い。普通、扇状地では数十年に１回程度土石流が発生するが、磐梯山ではカルデラ壁からの土砂の供給が多いため、櫛ヶ峰の下方辺りでは、数年に１回程度の頻度で土石流が発生しているようである。ただ土石流の規模が大きいと、土石は扇状地全面に広がり、土石のサイズも人頭大から径数十cm程度と大きくなるが、土石流の規模が小さいと、前の扇状地を削り込んで流れたりするので、扇状地に段差が生じ、礫のサイズも小さくなり、拳サイズ以下の礫や砂が表面を覆うようになる。

新しい扇状地は、できた直後は無植生だが、１、２年後にはアカマツとカラマツの幼樹が生え

写真10　砂地に生育するカラマツの幼樹

始め、それにシラタマノキやイタドリ、ヤシャブシなどが加わってくる。面白いのは、生えてくる樹木が礫のサイズによって違ってくることで、拳大からもう少し大きい礫だと、アカマツが優勢になるが、礫が小さく、砂が増えてくるとカラマツが主に生育する（写真9）。なぜそうなるのかはまだわからないが、土壌水分の多寡が効いている可能性が高い。

カラマツは崖錐末端の岩塊地にも育つし、砂地の扇状地にも育つ（写真10）。つくづく不思議な樹木だと思う。

このように磐梯山では、普段とはちょっと違った視点から、自然観察を行うことができた。それ自体なかなか楽しいものであるが、アカマツとカラマツの住み分け、崖錐末端の岩塊地に育つカラマツの巨木などといった新しい発見もあり、林学者や生態学者には新しいテーマや視点を提案できたのではないかと思う。この本を読んでくださった皆様にはぜひ現場を訪れ、追体験していただきたい。

栃木県

5

那須火山・茶臼岳 みごとなガンコウランの大群落

噴火の影響で生まれた、さまざまな地形と植生が見られる山。

那須火山の主峰

栃木県北部の福島県との県境に近いところに那須岳という大きな火山がある。最高峰の三本槍岳（1917m）をはじめとする、いくつものピークからなるが、その一番南にそびえているのが主峰・茶臼岳（1915m）で、山頂は溶岩円頂丘からなる。明治時代にも西側の牛ヶ首近くの火口から噴火し、ここは現在でも噴気を上げている。山頂部の植被がまだ戻っていないため、東北新幹線からも薄茶色の山体を望むことができる。

この山はロープウェイを使えば、山頂まで歩いて1時間

図1　茶臼岳

写真１　階段状構造土

弱で肩の部分まで登ることができる。そこから先は、見晴らしのいい景観が広がるが、今回はてっぺんではなく、山の西側にある牛ヶ首を目指そう。平らな道を行くと、急に右に曲がって山頂に向かう方向に変わる。最初にそのカーブの辺りで、下を見下ろしていただきたい。小さい棚田のような階段状の地形が見えるだろう（写真１）。これは600年前の噴火で噴出した礫や砂が、移動しているうちに篩い分けが生じて階段を作ったもので、階段状構造土と呼ぶ。階段の前面にのみ植被がついている。かなり珍しい地形である。

ガンコウランの大群落

そこを過ぎて100mほど歩くと、牛ヶ首への道が左に分かれるので、そちらに入る。浅い谷になっているが、しばらく進むと、直径２mから４mくらいもある大きな岩が累々と堆積している場所が見えてくる。

写真２　ガンコウランの大群落

一帯はガンコウランが密生し、稀に見る大群落が生じている（写真２）。しばらくそれを見ながら歩き、次の尾根への登りから後ろを振り返ってみよう。すると大きな岩塊が多数、山頂近くの２か所から崩れ落ち、谷間に堆積しているのが見えてくる（写真３）。

実はこの山では600年前に噴火のあったことがわかっており、地形やガンコウランの分布から見て、山頂のすぐそばの山体が膨れて崩壊し、岩石雪崩を作り出したと推定できる。谷間の下のほうを見ると、崩れた岩の塊は200ｍくらい先で途切れており、岩石雪崩はここまで移動してストップしたことがわかる。崩壊の規模はどうやらそれほど大きくはなかったようだ。

ハイマツが生育

尾根筋に出たら方向を右に変え、牛ヶ首を目指すが、湯本からの登山道が合流する辺りから、登山道の下のほうにハイマツが点々と生育し始めて

写真３　岩石雪崩の堆積物

いるのが見える（写真４）。この辺りは600年前の山体の崩壊から免れ、一世代前の植物が残ったのであろう。

写真４　ハイマツの幼樹

この辺りから牛ヶ首の左側に続く日の出平の東斜面を見ると、全体がブナの森になっているのが見える。このことから、この標高の本来の植生はブナ林だということと、足元のハイマツや高山植物は、噴火や火山ガスの影響でブナがまだ生育できないため、先駆的に生育しているのだということがわかる。おそらくこれから１０００年以上もかかって、最終的にはブナ林に変わるはずである。

写真５　牛ヶ首近くの噴気口からの噴煙

牛ヶ首が近くなると、植被は乏しくなるが、これは上部からの落石と現在の火山ガスの影響だろう。牛ヶ首からは現在の噴気口が見え（写真５）、ガスの臭いもしてくる。２０１１年の巨大地震の後、この山でも噴気がひどくなり、一時、立ち入り禁止になった。これは、地震で東日本の海岸部が数ｍも東に移動したため、奥羽山脈の脊稜部が開いてしまい、そこで火山活動が活発になったためだとみられている。活動がこのまま収まってくれればいいが、地震後10年経った２０２１年になっても震度６強の余震が起こったことから考えると、活動が収まるか、まだ予断を許さないところがある。

帰りも同じコースを辿り、植物の変化を観察してみよう。来る時には気がつかなかったことがいろいろ見えてくるに違いない。

東京都

6

伊豆諸島 神津島にある「砂漠」

なぜ山頂部に白い軽石の広がる場所があるのか？

伊豆諸島の火山群

湘南海岸から南の海に連なる東京都伊豆諸島。島々は、伊豆大島と八丈島（三原山）を除けば、多くがここ数千年以内の新しい火山活動で生まれたものである。海底火山の山頂部に新しい火山が載ったものが多いが、カルデラ型の海底火山の外輪山が顔を出したものもある。中には伊豆大島や三宅島のように、ここ数十年のうちに何回も噴火を繰り返してきた島もあるし、9世紀に大きな噴火をし、その後はおとなしい神津島（こうづ）や新島のような島もある（図1）。御蔵島（みくら）の場合は、7000年前に島ができ、5000年前には火山活動を停止したという。

図1　神津島

写真１　神津島の地質断面

溶岩の色が違う

伊豆諸島は、西側の島の列と東側の島の列に分かれるが、不思議なことに東西の列で溶岩の種類が違っている。西の列を作る新島や式根島、神津島などは白い色をした流紋岩でできている。しかし東の列の伊豆大島や三宅島、八丈島などはいずれも真っ黒な玄武岩が島を作っている。なぜそうなったのかを火山学者に聞いてみたが、よくわからないようである。

神津島の噴火

神津島では平安時代初期の838年に、流紋岩質の大規模な火砕流が発生して島の大部分を形成し、その上に流紋岩質の溶岩が載ったとされている。838年というのは、１１００年前に起こった巨大地震・貞観(じょうがん)地震（869年）の発生直前であり、本土だけでなく、伊豆諸島でも大地の動乱の時代が始

写真２　「表砂漠」　白い軽石が堆積している

まっていたことがわかる。838年の噴火で神津島の住民は全滅してしまったが、それを報告した新島の住民が、今度は続いて886年に起こった新島の噴火で全滅してしまったという悲劇が起こっている。９世紀は富士山が２回にわたって噴火するなど、日本列島全体が大地の動乱に巻き込まれた、実に恐ろしい世紀であった。また中世温暖期にあたったため、台風や旱魃（かんばつ）も相次ぐなど、気象災害もひどかったようだ。

海食崖に火山の断面が

神津島の北東側を船で通ると、高い海食崖が見え、天上山（572ｍ）の地質断面をつぶさに観察することができる（写真１）。未固結の火山噴出物であることに加え、波による侵食が活発なため、高さ500ｍ近い海食崖ができたのである。

断面の地質は、下の白い部分が流紋岩の火砕流（軽石）、上の灰色の部分が流紋岩の溶岩で、両者の境目は海抜400ｍ付近にある。つまり火砕流とそ

写真３　「裏砂漠」

れに続く溶岩の流出という一連の噴火で島ができたことがよくわかる。溶岩の下部は黒く見えるが、これは黒曜石の層である。不思議なことだが、白い流紋岩溶岩の一部が真っ黒な黒曜石に変化するのである。

天上山の「砂漠」

ただ天上山のなだらかな山頂部には、ところどころ「砂漠」と呼ばれる流紋岩質の白い軽石の堆積した場所がある（写真2・3）。軽石の広がる場所は5、6か所あるが、いずれも細長い窪みを作っており、私はこのことから、そこで新しい割れ目噴火が起こったと考えた。

したがって、噴火は島全体を作った大噴火1回だけでなく、その後も山頂部では小さな噴火が何回かあったことになる。「砂漠」の植物は乏しく、シマタヌキラン（写真4）とコウヅシマツツジ（写真5）などがわずかに生育しているだけである。これは、カクレミノやリョウブが密生する、山頂

写真４　シマタヌキラン

写真５　コウヅシマツツジ

写真６　山頂部の低木林

部の低木林（写真6）とは明瞭な対照を示している。このことから、おそらく数百年以内というごく新しい時期に、軽石を噴出する小噴火が島のところどころで起こったことが推定できる。

写真7　ツツジが軽石を止めて作ったマウンド

「裏砂漠」には、風で飛ばされてくる軽石を、コウヅシマツツジが枝や葉で食い止めて作ったマウンド（写真7）がある。本物の砂漠でも同じ成因の地形があるのを見たことがあるが、なかなか面白い。

写真8　軽石の堆積

天上山に登ると、途中で火砕流の軽石の堆積（写真8）から硬い溶岩に変化する境目がよくわかる。軽石は崩れやすく、溶岩地域とは生育する植物も違っているので、違いをぜひご覧いただきたい。

7

山口県

壮観な景色を作り出す阿武単成火山群

海上に航空母艦が並んだような驚くべき風景はどのようにしてできたのか。

小さな火山の密集地

山口県の萩市からその北側にある阿武町にかけての日本海沿いに、合わせて50ほどの小さい火山の密集地域がある（図1）。これを阿武単成火山群と呼んでいる。単成火山というのは1回だけの噴火でできた火山のことで、ここの火山群のことは、火山学者と火山マニアを除けば、ほとんど知られていない。

中国地方の火山といえば、普通は大山と島根県中部にある三瓶山（1126m）しか思いつかない。しかし島根県の西端に位置する津和野の町の背後に青野山（908m）という火山があり、阿武単成火山群はその西側にある。

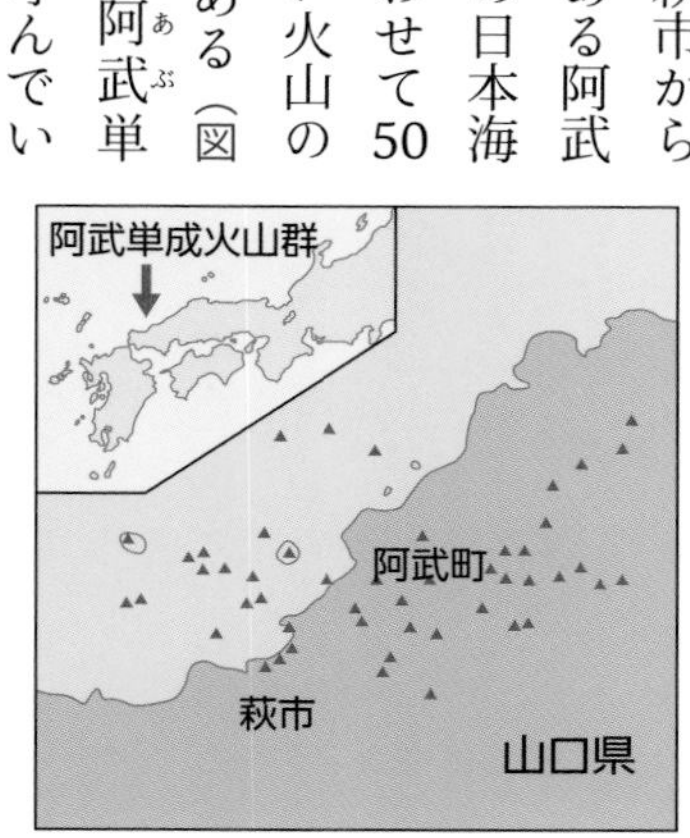

図1　阿武単成火山群

写真１　萩六島

平坦な溶岩台地

この火山群についての研究は、21世紀に入ってから地元・山口大学の火山学者・故永尾隆志さんによって始められたばかりだから、知られていないのも道理である。永尾さんによれば、阿武単成火山群の多くは玄武岩質ないし安山岩質の溶岩からなり、直径数百m、高さ100m程度の平坦な溶岩台地ないし溶岩平頂丘を作る。いずれも小さくて平らな丘だから、陸上ではそれほど目立たない。

しかし海上では際だった景色を作る。たとえば萩市北方には萩六島と呼ばれる、平らな溶岩台地からなる島が海上にいくつも点在し、航空母艦が並んだような驚くべき風景を作り出す（写真１）。これほどの壮観は国内ではもちろん、世界的に見ても、他に例がないらしい。ここの火山群は21万年前から６万年前にかけて陸上で噴火したもので、その後、海寄りの一部の火山が海面上昇によって沈水し、海に浮かんで見えるようになったそう

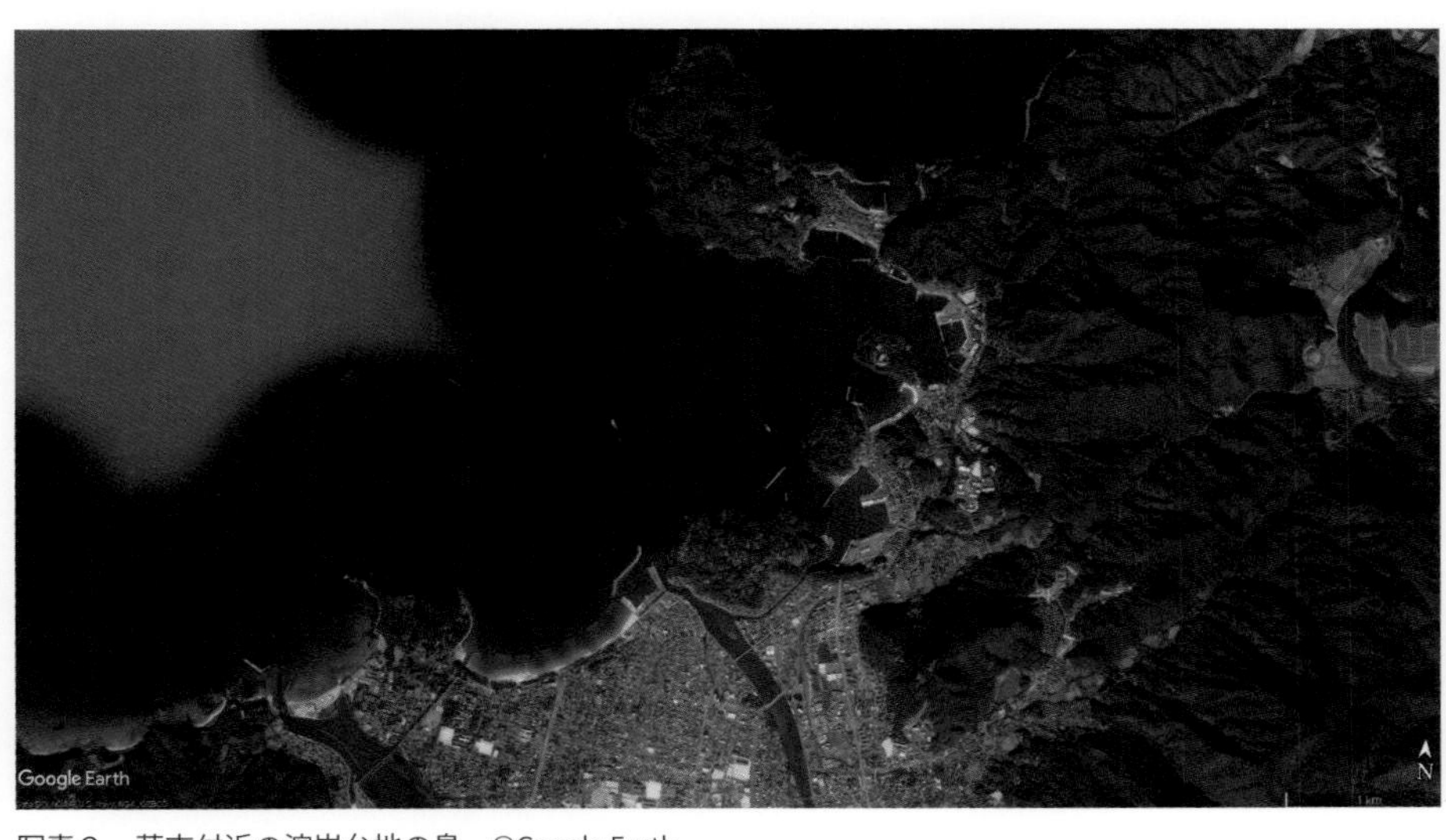

写真２　萩市付近の溶岩台地の島　©Google Earth

である。

溶岩台地はこの他、萩市のある入り江付近にも集中的に分布している（写真２）。狐島や中ノ台などで、現在では埋積（まいせき）や埋め立てにより陸続きになっているが、かつては島であったことが明らかである。ちなみに萩城のあった指月山は１億年前の花崗岩からできていて、火山ではない。

単成火山群のでき方

単成火山群はわが国では他に、伊豆半島の東伊豆単成火山群と、長崎県五島列島の福江単成火山群、兵庫県の神鍋火山群くらいしかない。したがってきわめて珍しいものだが、ここの場合、数百mから数km程度の狭い間隔で、マグマが流出し、溶岩台地を作っているのが特徴的である。この地域には東西に広がる方向に引っ張りの力が働いており、それによって生じた割れ目に沿って火山群ができたものらしい。永尾さんによれば、すぐ東にある青野山は火山フロント（日本列島の活火山

写真３　龍鱗郷の柱状節理

を結んだ線）にできた火山だが、阿武単成火山群はそれとは無関係に生じた火山で、地球深部にできた穴からマグマが出てきたものだという。つまりホットスポット火山なのだが、噴火口の場所が次々に変化したため、単成火山群になったのだという。ただ、なぜ溶岩が次々に噴出する場所を変えたのかはよくわからないし、溶岩の種類が場所によって変わるのも謎である。いろいろな不思議に満ちた火山群だといえよう。

この火山群の東部には、龍鱗郷（りゅうりんきょう）と命名された、立派な柱状節理が露出した場所もある（写真３）。これもご覧いただきたいと思う。

第4章

渓谷・滝

1

茨城県

袋田の滝と久慈男体山 礫岩の作る滝と山

「日本三名瀑」の一つ。両側を崖に囲まれた滝はどのようにしてできたのか。

日本三名瀑の一つ

袋田の滝は茨城県の北部にある滝で（図1）、日本三名瀑の一つに数えられることもある。私はこれまで何回も訪ね、水が少ない時から、豪雨で増水し、離れた展望台にいても水の飛沫がかかってくるほど荒れている時まで、いろいろ見たことがある（写真1）。水が少ない時は迫力がなく、三名瀑にしては「ちょっと」と思ったこともあるが、荒れ狂っている時の滝はさすがに恐ろしいほどで、名瀑の名にふさわしいと見直したしだいである。

図1　袋田の滝と生瀬の滝、久慈男体山

写真１　豪雨で増水した袋田の滝

滝の上に水田が

ところで地形図を見ていて、滝の上に平坦地があり、そこに水田が広がっているのに気がついた。こんな変わった滝は見たことがない。さっそく車で滝の上に回り、水田のあることを確かめた。田んぼからは藻が入ってちょっと緑がかった色の水が滝に向かって流れ出していた。

その後、うまくルートを辿ると滝壺のすぐ上に出られることがわかり、そこへ行ってみた。国道から歩いて１kmほどの距離である。畑の中を、滝の上流側で本流に合流する小さな支流に沿って歩くと、大きくカーブした道路の先に本流の流れが見える。そこに半分、流れの上に突き出すような形に造られた不思議な建物があり、その横を通って河床に降りることができる。この建物は一種の貸し別荘らしく、流れを見ながらちょっとした宴会ができるように造られたもののようである。使うには予約が必要だが、それほど高くない値段が

写真２　生瀬滝の上の河床　奥に滝の落ち口が見える

写真３　基盤の礫岩

写真４　袋田の滝と久慈男体山の中間にある岩壁

書いてあったから、余裕があったら、ゆっくりしたいところである。

生瀬滝

この建物から距離にして50ｍくらい下に滝の落ち口があり、その近くまでなだらかな河床を歩いていくことができる（写真２）。ただ露出した岩盤の上を水が流れていて、それなりに危険だから、十分に注意してほしい。

実は正確にいうと、この滝は袋田の滝ではなく、そのすぐ上にある生瀬（なませ）滝という別の滝である（図１）。高さ15ｍほどの滝で、その下流は数十ｍ離れた袋田の滝につながっていく。近年、新しいハイキングコースができ、この滝を正面から見ることができる場所に展望台が造られたので、全貌を把握することができるようになった。興味のある方はご覧いただきたいと思う。

写真５　久慈男体山の険しい登山道　礫岩でできている

袋田の滝のでき方

袋田の滝を見ると、黒い色の角礫がガチガチに固まったような堆積物でできている（写真3、写真2の両側の崖を作るのも、同じ岩である）。これは水中に噴出した海底火山の溶岩が、冷たい海水に触れて急に冷やされ、バリバリに割れた後、再度固まったというもので、「水中破砕岩」と呼ばれている。１５００万年前の噴出物で、もともとは水平に堆積したものである。ところが袋田の滝のある久慈川の谷に沿って「棚倉構造線」という大きな断層が走っており、その活動によって水中破砕岩は東に傾いてしまった。

その後、棚倉構造線の活動で久慈川の流れる谷が断層で落ち込み、谷に面して高さ200〜300ｍくらいの崖ができた。その崖にかかったのが袋田の滝である。

袋田の滝は硬い岩でできているが、礫岩なので、溶岩の一枚岩に比べれば侵食されやすく、とくに

写真6　久慈男体山山頂の礫岩

大きい割れ目に沿う部分は侵食されやすい。このため垂直に落下する滝にはならず、滑り台のような4段くらいに分かれる滝になった。

断層崖の続きが久慈男体山

袋田の滝の両側には南北に崖が続くが、これが棚倉構造線の活動で生まれた断層崖である（写真4）。この崖を南に辿っていくと、久慈男体山と呼ばれる岩山に出会う（写真5）。

山の標高は700mに足りないが、西側は絶壁になっており、こちらからの登山は危険なので、上級者以外お勧めできない。反対側の東側から登るコースは標高差が少ないので登りやすいが、登山道沿いには至るところで礫岩が露出しているので、滑らないよう注意が必要である（写真5・6）。

東京都

2

硬い岩盤にできた奥多摩・鳩ノ巣渓谷

渓谷の形も植生も、その謎を解くカギは「チャート」にあり！

青梅線に沿って

東京の西、多摩地域をＪＲ青梅線が走っている。青梅線は多摩川沿いを上流に向かって走るが、青梅駅から西では渓谷に入って本数が減り、ローカル線の趣を呈するようになる。一方、多摩川の作る渓谷はそれに反比例して美しくなり、至るところに景勝地が現れる。今回紹介する鳩ノ巣渓谷もその一つで、電車の終点・奥多摩駅の二つ手前の鳩ノ巣駅のすぐそばにある（図1）。

図１　鳩ノ巣渓谷

美しい鳩ノ巣渓谷

駅を降りたら、そのまま多摩川に向かって下り、

写真１　チャートの岩塊

下の渓谷まで降りてみよう。降り切ったところが鳩ノ巣渓谷である。谷底に驚くほど大きい岩が転がり、岩の間をきれいな水が流れている（写真1）。この岩は硬いことで知られるチャートという岩で、この岩のあるところには岩壁や岩峰、滝、峡谷などといった地形ができやすい。実は鳩ノ巣渓谷もチャートが原因となってできた渓谷で、降りた河床から下流側を見ると、両側が切り立って狭い門のようになっていることがわかる（写真2）。なお下る途中、細い道に入ったところにある双竜の滝もチャートでできた滝である。

橋の上から見下ろすと

次に上に戻って雲仙橋を渡ってみよう。40mくらい下を多摩川が流れ、鳩ノ巣渓谷が見える（写真3）。次に、橋の終点から振り返って対岸の風景を観察してみよう。すると、正面に見える駅を挟んで、左手が急な山、右手が凹んだ谷間になっていることがわかる。つまり、ここで地形が急に

写真２　雲仙橋の下の狭い峡谷　左側の木が倒れているのは、2019 年の台風の際、増水がここまで達したためである

変化しているのである。

この違いを生んだ原因こそ、先ほど見たチャートで、この岩が硬いために尾根ができた。一方、集落のあるほうは泥岩、砂岩といったそれほど硬くない岩でできているので、そのぶん侵食で凹んでしまった。

チャートは植物の分布にも影響を与えている。橋の終点付近で辺りの木を見てみると、ツガが何本も生え（写真３・４）、サワラや天然のヒノキも見える。いずれも本来ならもっと標高が高いところに生育する樹木である。広葉樹では崖地でよく見るアラカシが生えている。チャートは硬いので、岩盤が露出しやすく、逆に土壌はできにくく、栄養分にも乏しい。このため、悪条件に強い樹木だけが生育するようになったのである。草本では５月の中旬頃、ツガの生えている岩場のそばにニッコウキスゲを見ることができる。

ニッコウキスゲはあきる野市と檜原村の境目付近の秋川の川沿いの岩盤でも観察できる（写真５）。ここもやはりチャートの岩盤でできている。そこご購読ありがとうございました。ご意見、ご感想をお聞かせください。

● ご購入された書籍

● ご意見、ご感想

● 図書目録の送付を　□ 希望する　□ 希望しない

ご協力ありがとうございました。
小社の新刊などの情報が届くメールマガジンをご希望される方は、
小社ホームページ（https://www.beret.co.jp/）からご登録くださいませ。

料金受取人払郵便

牛込局承認

8494

差出有効期間
2024年3月21日
まで

(切手不要)

郵便はがき

1 6 2-8 7 9 0

東京都新宿区
岩戸町12レベッカビル
ベレ出版

読者カード係　行

お名前		年齢
ご住所　〒		
電話番号	性別	ご職業
メールアドレス		

個人情報は小社の読者サービス向上のために活用させていただきます。

写真３　鳩ノ巣渓谷

写真４　岩壁に育つツガの幼木

写真５　秋川の川沿いの崖に育つニッコウキスゲと、そばのチャートの作る渓谷

には小さい滝ができて、水しぶきが周囲に飛び散っている。そのせいで周囲はクールアイランドになっており、ニッコウキスゲの生育が可能になっているのだろう。

チャートにできた鏡肌

雲仙橋を渡り、集落を抜けてそのまま林道を30分くらい上ると、越沢（こえざわ）バットレスという表示が出てくる。その手前の道路の法面（のりめん）に、黒光りする岩盤が見える（写真6）。これは秩父帯のチャートを断層が切ったために生じた「鏡肌（かがみはだ）」という地形である。道路工事で、断層に接していた岩盤が取り去られたために、山側の断層面がうまく露出したものである。

これだけの規模の鏡肌は珍しく、私は周囲のチャートの褶曲（しゅうきょく）と併わせ、

写真６　断層でできた鏡肌

東京都の天然記念物に指定する価値があると考えている。道路工事で一部が破壊されたが、そこで工事を止めてくれたので、いい形で残った。工事関係者にも価値がわかったのだろうと思うが、このまま残してもらえるよう期待したい。

越沢バットレス

鏡肌から道路に沿って50mほど歩くと、前方に谷が見えてくる。この谷の対岸の左前方に、高さ50mくらいある岩壁が見える。これが越沢バットレスで、やはりチャートでできている。時々ロッククライミングの練習をやっている人たちの姿を見かけることもある。バットレスというのは、山の稜線直下や山頂直下にできる、急な崖のことで、日本では北岳のバットレスがよく知られている。実は谷のこちら側にもチャートが分布しており、崖の上にある小さな避難小屋の周囲には、地質を反映してツガやサワラの木がたくさん生えている。これも一見の価値がある。

3

静岡県

文人墨客も好んだ愛鷹山麓の景ヶ島渓谷を訪ねる

緻密で硬い溶岩が作る自然は土地利用も変える。

御殿場線に沿って

愛鷹山（1507m）は富士山の南にある、富士山より古い火山である。愛鷹山とその東にある箱根山の間には、源平の古戦場である黄瀬川が流れ、それに沿ってJR御殿場線が走っている。先般、知人の案内で黄瀬川の支流・佐野川にできた景ヶ島渓谷を見ることができたので、紹介したい（図1）。

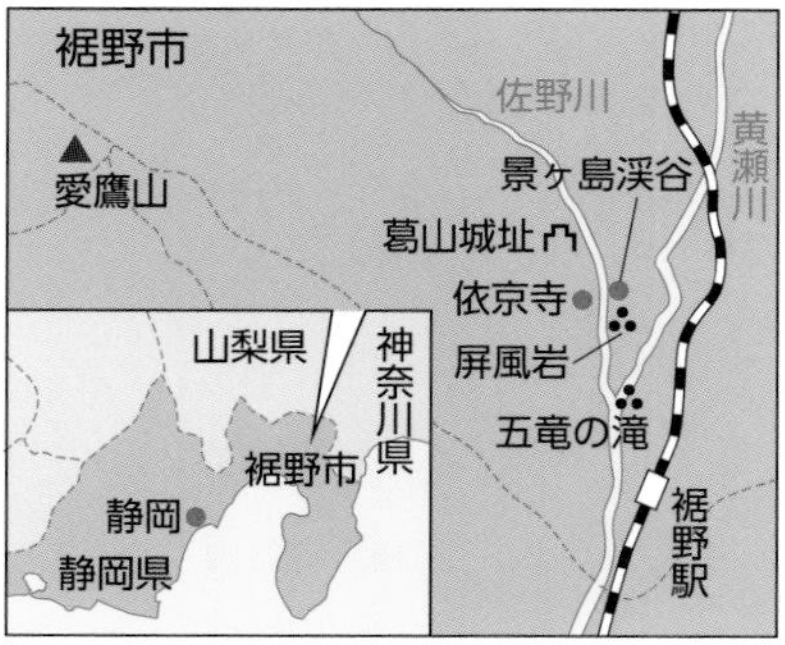

図1　景ヶ島渓谷

豪壮な五竜の滝

最初に訪ねたのは、御殿場線の裾野駅から黄瀬

川を30分ほど遡ったところにかかる五竜の滝である（写真1）。高さは12ｍとそれほど高くないが、水量が多いため、なかなか豪壮である。
丹那（たんな）トンネルが開通する前は、現在の御殿場線

写真１　五竜の滝

写真２　屏風岩の柱状節理

が東海道本線だったため、当時、ここは文人墨客が訪ねる一大観光地だった。滝の周辺には、黄瀬川で採れたアユなどの川魚を食べさせる料亭がいくつもあったという。

滝は五筋に分かれるが、左手の二筋の滝が中心で、その両側に厚い溶岩の層が見える。一番上の黒い層が１万年前に富士山から流れてきた三島溶岩、その下の灰褐色の層が10万年くらい前の愛鷹山の溶岩である。愛鷹山の溶岩が川に削られて浅い谷を作ったところに三島溶岩が流入し、溶岩流の末端がすぐ下流で右岸から流入していた佐野川に削られ、滝を作ることになった。

屏風岩の柱状節理

後半は佐野川に沿って登る。１時間ほどで、屏風岩(びょうぶいわ)に着く(写真２)。ここはかつて滝壺だったところで、周りにみごとな柱状節理が露出している。

再び道路に戻り、上流側へ10分ほど登ると、真っ黒な溶岩が水流によって異様な形に侵食された渓

地理

その日常、地理学で説明したら意外と深かった。

ISBN978-4-86064-686-8 C0025

▶富田啓介／1700円／四六並製

時空を超えて織り成すミステリーを楽しみながら地理学的視点を学べる一冊。

地理が解き明かす地球の風景

ISBN978-4-86064-581-6 C0025

▶松本穂高／1600円／A5並製

旅先で見る自然や街の風景の成り立ちがわかる！

深掘り！日本の地名　知って驚く由来と歴史

ISBN978-4-86064-683-7 C0025

▶宇田川勝司／1500円／四六並製

日本各地の地名を多角的に解説。教養として知りたい方から地名マニアまで楽しめる一冊。

歴史は景観から読み解ける

ISBN978-4-86064-634-9 C0025

▶上杉和央／1700円／四六並製

景観に刻まれた歴史や地域の個性を、歴史地理学的方法によって読み解く。

地理マニアが教える旅とまち歩きの楽しみ方

ISBN978-4-86064-659-2 C0025

▶作田龍昭／1600円／四六並製

「地理」の視点でディープにまち歩きを楽しみたい方のための実践マニュアル。

地図化すると世界の動きが見えてくる

ISBN978-4-86064-598-4 C0025

▶伊藤智章／1700円／A5並製

世界各地の統計データを地図上に可視化し、その実態や動きを正しく理解する。

その問題、デジタル地図が解決します はじめてのGIS

ISBN978-4-86064-651-6 C0025

▶中島円／2100円／A5並製

「GISとは何か」から、趣味やビジネス、防災などでの活用方法をやさしく解説。

地図リテラシー入門

ISBN978-4-86064-666-0 C0025

▶羽田康祐／1900円／四六並製

地図の正しい読み方・描き方がわかる。地図のルールと原理を詳しく解説！

歴史

歴史の見方がわかる世界史入門

ISBN978-4-86064-393-5 C0022

▶福村国春／1600円／四六並製

現在世界の成り立ちを近世ルネサンスからたどり、歴史を読み解く視点を学ぶ。

中国の見方がわかる中国史入門

ISBN978-4-86064-592-2 C0022

▶福村国春／1600円／四六並製

古代からドラマティックに描いた“中国を知りたい”人のための中国史入門。

世界史劇場 春秋戦国と始皇帝の誕生

ISBN978-4-86064-664-6 C0022

▶神野正史／1600円／A5並製

中国史の原点となる、中国統一までの戦乱の550年をドラマティックに描く！

教養として知っておきたい「日本史の200人」一問一答

ISBN978-4-86064-672-1 C0021

▶金谷俊一郎／1400円／四六並製

教養として知っておきたい知識を、一問一答形式でおさらいできる一冊。

史料で解き明かす日本史

ISBN978-4-86064-654-7 C0021

▶松本一夫／1800円／A5並製

史料を丹念に読み解きながら、歴史にひそむ40の謎を明らかにする。

謎解き日本列島

ISBN978-4-86064-614-1 C0025

▶宇田川勝司／1500円／四六並製

聞いて納得！人に話したくなる地理の知識が満載!!

学びなおすと地理はおもしろい

ISBN978-4-86064-627-1 C0025

▶宇野仙／1500円／四六並製

地理を学べば、自然や人間社会のしくみの「なぜ」がよくわかる！

あれもこれも地理学

ISBN978-4-86064-608-0 C0025

▶富田啓介／1700円／A5並製

人文地理学の基本的な考え方や知識を身近な事例を通してやさしく解説。

自然科学

生態学者の目のツケドコロ

ISBN978-4-86064-642-4 C0045

▶伊勢武史／1600円／四六並製

朝日新聞などに書評が掲載。自然や環境に対する考え方が変わる。

昆虫学者の目のツケドコロ

ISBN978-4-86064-657-8 C0045

▶井手竜也／1900円／四六並製

こんなことが身近で起こっていたのか。視点を変えると見えてくる、昆虫の不思議な世界。

カタツムリ・ナメクジの愛し方 日本の陸貝図鑑

ISBN978-4-86064-625-7 C0045

▶脇司／2000円／A5並製

あなたはまだ「カタツムリ」や「ナメクジ」の魅力をこれっぽっちも知らない。

雲と出会える図鑑

ISBN978-4-86064-618-9 C0044

▶武田康男／2000円／B5変形

いろいろな雲と出会う方法を、武田康男先生が撮影した美しい写真とともに紹介する。

雲の中では何が起こっているのか

ISBN978-4-86064-397-3 C0044

▶荒木健太郎／1700円／四六並製

雲の基礎知識から、最新の研究の話まで、雲を徹底解剖。荒木健太郎先生初の著書。

47都道府県 知っておきたい気象・気象災害がわかる事典

ISBN978-4-86064-633-2 C0044

▶三隅良平／1800円／A5並製

47都道府県それぞれの気象の特徴と、被害の大きかった気象災害をまとめた一冊。

科学の目で見る 日本列島の地震・津波・噴火の歴史

ISBN978-4-86064-476-5 C0044

▶山賀進／1700円／A5並製

記録が残っている5世紀から現代までの地震・津波・噴火の歴史を科学の目で見つめる。

日本列島の「でこぼこ」風景を読む

ISBN978-4-86064-653-0 C0044

▶鈴木毅彦／1700円／四六並製

風景はどのようにしてつくられてきたのか、地学全般の知識を駆使して読んでいく。

自然科学

「化学の歴史」が一冊でまるごとわかる

ISBN978-4-86064-684-4 C0043

▶齋藤勝裕／1600円／A5並製

化学はどのように発展してきたのか。古代から現代にかけてを俯瞰する入門書。

「高校の化学」が一冊でまるごとわかる

ISBN978-4-86064-567-0 C0043

▶竹田淳一郎／1900円／A5並製

大人の学び直しにも学生さんの自学にも最適な、高校の化学の基礎をしっかり学べる本。

「半導体」のことが一冊でまるごとわかる

ISBN978-4-86064-671-4 C0054

▶井上伸雄、蔵本貴文／1600円／A5並製

半導体の歴史から学ぶことで、現代も変わらない原理を学ぶことのできる入門書。

「環境の科学」が一冊でまるごとわかる

ISBN978-4-86064-636-3 C0043

▶齋藤勝裕／1600円／A5並製

環境問題について、自分の頭で考えるために必要な科学的な知識を身につける入門書。

「発酵」のことが一冊でまるごとわかる

ISBN978-4-86064-571-7 C0043

▶齋藤勝裕／1500円／A5並製

栄養素や微生物などの基礎知識から始まり、様々な食品の発酵のしくみを易しく解説。

植物の体の中では何が起こっているのか

ISBN978-4-86064-422-2 C0045

▶嶋田幸久ほか／1800円／四六並製

研究者とサイエンスライターが、植物の中で繰り広げられている「生きるための仕組み」を紹介。

図鑑を見ても名前がわからないのはなぜか？

ISBN978-4-86064-676-9 C0045

▶須黒達巳／2000円／A5並製

「どういうプロセスで同定ができるようになるのか」、図鑑と同定のことをトコトン掘り下げた一冊。

教養としての東大理科の入試問題

ISBN978-4-86064-669-1 C0040

▶竹田淳一郎／2000円／A5並製

物化生地の過去問、約1000問の中から科目を横断して集められた良問を楽しむ。

写真３　景ヶ島渓谷

谷が見えてきた（写真３）。深さは4、５mに過ぎないが、甌穴（おうけつ）（P.171）が連続的にできていてみごとである。これから上流数百mが景ヶ島渓谷である。

景ヶ島渓谷

ここの岩は、三島溶岩が直径１㎝くらいのガスの抜けた穴が多数あいているのに比べると、緻密で硬いのが特色である（写真４）。このため侵食に抵抗して渓谷ができやすいのだと思われる。また三島溶岩の分布域では雨水が浸透しやすいため水田は作れないが、愛鷹山の溶岩が広がっているところは水が浸透しにくく水田が作られているという。溶岩の性質で土地利用が変わるというのが面白い。

そのまま上がっていくと、対岸に依京寺（いきょう）という寺が見えてきた。ここでは安山岩質の玄武岩の上に凝灰角礫岩が載っていて、寺の土台を作っている。川が寺のそばを大きく蛇行しながら流れているので、寺はかつて城だった可能性もある。

戦国武将の本拠地・葛山

さらに上がると、葛山（かずら）という広い平坦地に出た。ここは地形分類図では沖積地に分類されているが、大きな河川に沿って沖積層が堆積してできたという沖積地ではなく、おそらく下に水を透さない溶岩の層があったため、開墾して水田にしたのだと思われる。戦国時代、ここは葛山氏という武将の本拠地になっていた。川沿いをかなり上流に上がったところにあるが、段丘状の平坦な地形になっていて、山の中なのに広い水田のできたことが、それを可能にしたのであろう。

先般、『北条早雲』（富樫倫太郎著、全5巻、中公文庫）という時代小説が出たので、さっそく購入して読んでみた。ちょうどこの辺りが舞台になっており、若い頃のまだ弱小勢力だった早雲の同盟者として葛山氏が登場し、大いに活躍するのは、なかなか興味深いものがあった。実際の地形を見ていたので、想像が膨らみ、新しい読書の楽しみ方ができたといえる。これは望外なことであり、うれしいことでもあった。

写真４　２種類の溶岩の礫でできた石垣
左寄りは緻密な愛鷹山の溶岩、右寄りはガスが抜けた穴が多い三島溶岩

4

東京都

八丈島三原山の不思議な甌穴群

階段状に数十段も連続してあいている穴の正体を探る。

甌穴とは

山地河川で見られる地形に甌穴（おうけつ）がある。硬い岩盤からなる河床に丸い穴があいたもので、洪水の時、中に入った礫が回転して側面を侵食するためにできると考えられている。甕穴（かめあな）とかポットホールとか呼ばれることもある（ポットは甕のこと）。穴は大小さまざまだが、中には畳3、4枚分、深さ3mなどという大きいものもある。虫歯のように、横に削り込んだものもある。

けっこう目立つ地形なので、全国で11か所が国の天然記念物に指定されている。飛水狭（岐阜県）や厳美渓（げんびけい）（岩手県）、八釜の甌穴群（愛媛県）、鬼の舌震い（島根県）辺りの甌穴は規模も大きく、立派である。

図1　八丈島

さて今回紹介するのは、伊豆七島・八丈島のちょっと変わった甌穴群である（図1）。八丈町の教育委員会から、知人を介して町の天然記念物に該当するかどうか調べてくれ、といわれて調査に出かけた。調査したのは、島の南部にそびえる三原山の山頂部の一角を構成する東白雲山付近の南東斜面の甌穴である。

写真1　八丈島の階段状になった甌穴群

三原山の甌穴群

三原山には山頂に小さいカルデラがあり、それを囲むように東白雲山などのピークがある。カルデラを囲む稜線の標高は600m程度で、東白雲山と西白雲山では、そこから小さい沢が東南東と東に向かっていくつも平行して流れている。甌穴はこうした沢の内部にできている。

ここの甌穴は傾斜15度から20数度という斜面上の浅い沢筋に沿ってできており、階段状に数十段も連続している（写真1）。こんな不思議な甌穴は見たことがない。

各沢を稜線から距離にして200mほど下ると階段状の小滝が連続するようになり、小滝と小滝の間に長さ3m、幅1～2m、深さ2mほどのみごとな甌穴が生じている。一番大きい沢である本沢ではおよそ5mお

写真２　甌穴

写真３　斜め上から見た甌穴

きに小滝と甌穴のセットが現れる（図2）。図は簡単な測量で作ったもので、小滝は岩盤の中央部に生じた幅2mほどの浅い窪みをさらに掘り下げるように生じている。周辺のもう少し小さい沢では、甌穴の間隔は狭まり、深さもやや浅くなった。

写真2・3に示したように、甌穴のある窪みの両側は凝灰角礫岩の岩盤が幅1mくらい露出していて、植被は水流で剥がされてしまうためにほとんど付いていない。このことから私は、数年から数十年に1回程度起こる集中豪雨によって、激しい水流が生じ、水流の勢いが強いと、水流が斜面上を一定間隔でジャンプするようになり、その結果、侵食が起こって小滝と甌穴が生じたと考えた（図3）。したがって水流が強いほど、甌穴の間隔は広がり、逆に小さい沢では甌穴は小さく、間隔も狭くなる。

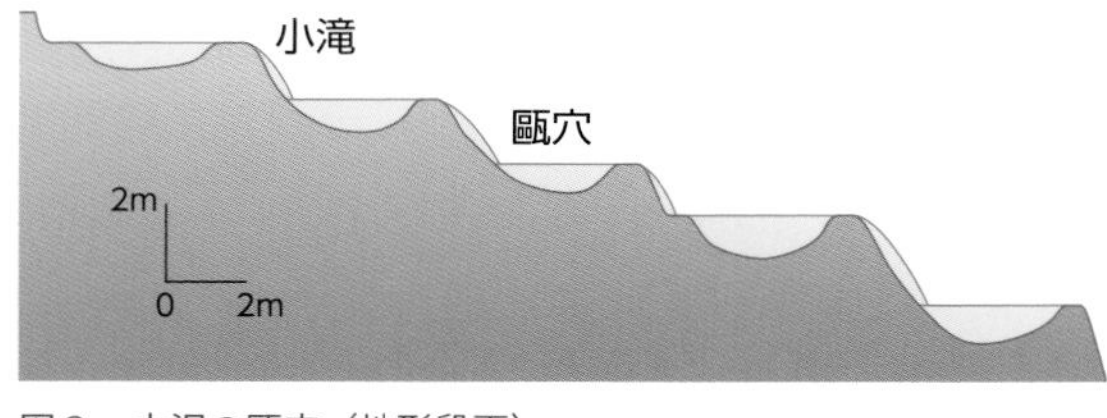

図2　本沢の甌穴（地形段面）

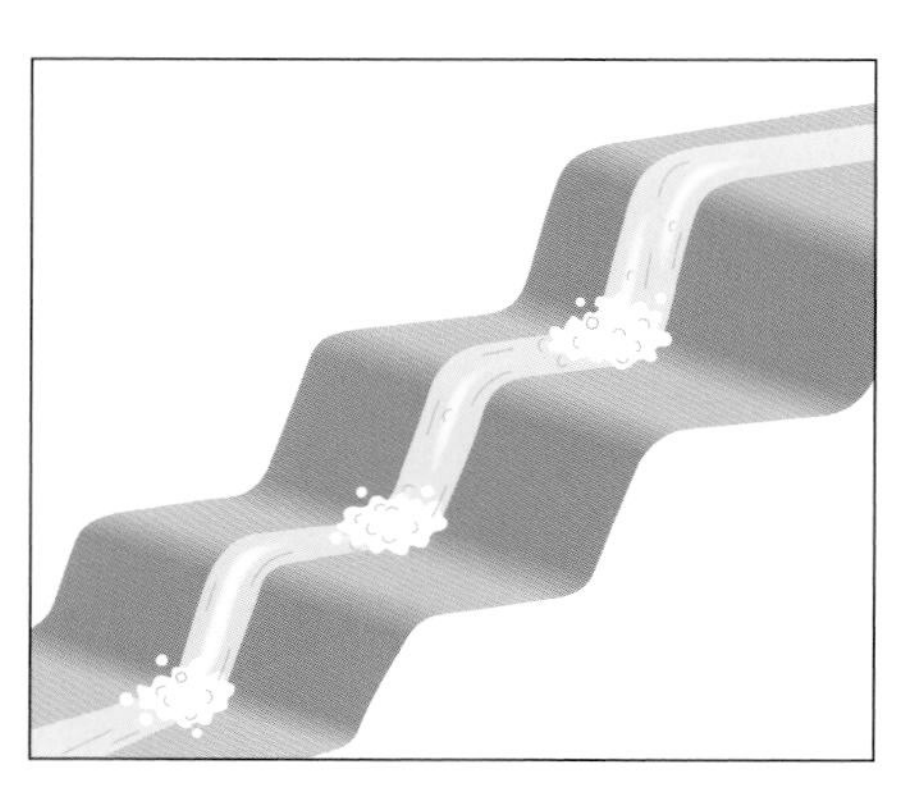
図3　水流のジャンプでできる甌穴（模式図）

このような成因に関する議論をまとめ、報告書を提出したところ、めでたく町の天然記念物に指定された。しかしこのタイプはおそらく全国でここだけのようだから、私は東京都か国の天然記念物に格上げする価値があると思っている。皆様にもぜひ一度ご覧になっていただきたい。海抜400m付近に林道が通っているので、現地へはレンタカーを借りれば、容易に達することができる。

それにしても、専門家に調査を頼むのに、交通費と宿泊代しか出ないけどよろしく、という条件には呆れ、驚かされた。

5

三重県

およそ4kmにもわたる赤目四十八滝を訪ねる

滝と岩盤、岩塊が交互に現れる渓谷の謎。

室生寺

奈良県の北東部に女人高野で知られる室生寺(むろうじ)がある。美しい五重の塔や穏やかな表情の仏像で知られる真言宗室生寺派の大本山で、かつては山林修行の場であり、学問の道場でもあったという（写真1）。

赤目四十八滝

室生寺のすぐ東の三重県側の谷間に、美しい滝が次々に現れる景勝地があり、赤目渓谷、あるいは赤目四十八滝と呼ばれてきた（図1・写真2）。行政的には旧・伊賀の国に含まれ、その南西のはずれにある名張

図1　赤目四十八滝

写真１　室生寺　五重の塔がある

市に属する。いずれも忍者の里として有名なところである。

赤目四十八滝は奈良県の室生寺や高見山地、三重県西部の青山高原などとともに「室生赤目青山国定公園」を構成する。この辺りの谷筋には室生寺の他、大野寺、奥山愛宕神社など、古い寺社が多く、一帯がかつて仏教の一大聖地だったことを示している。

四十八滝のある赤目渓谷は、名張から南に流れる名張川の支流にある渓谷で、滝と仏教にちなむ名所が約４kmにわたって続く。「赤目」の名は、昔、役（えん）の小角（おづぬ）がここで修行をしていた時に、不動明王が赤い目の牛に乗って出現したという故事に由来する。

大きな岩塊が集積

国道から分かれ、渓谷の入り口を入ると、右手に森に覆われた緩やかな流れが見えてくる。そこを過ぎ、カーブにさしかかると、急に直径２〜

写真２　赤目渓谷

３mもある大きな岩塊の集積地となる。その先では河床に岩盤が露出し、さらに滝つぼと滝が見えてくる。なるほど美しい渓谷である。これから先も次々に滝が現れるが、まず代表的な滝を二つ紹介しよう。布引滝と千手滝といい、細い滝と広がる滝の代表である（写真３）。

赤目四十八滝では、面白い傾向がある。上流側に滝と滝つぼがあり、下流側では岩盤が露出する（写真４）。さらに下流でカーブにさしかかると、そこには大きな岩塊が集積し、その下方は再び岩盤となって、次の滝に至る、という順番である（図２・写真５）。この変化は数百mごとに繰り返すが、このように滝と岩盤、岩塊の集積地が交互に現れる渓谷は見たことがない。そこで、なぜこんな地形ができたのか考えてみた。

１４００万年前の火砕流

峡谷の切り立った崖を作っているのは溶結凝灰岩といい、古い火山から噴出した流紋岩質の火砕

写真３　千手滝（上）と布引滝（下）

流の堆積物である（写真６）。紀伊半島には現在火山はないが、およそ１４００万年前にはこの辺り一帯に火砕流が何回も繰り返し噴出し、その厚さは400ｍに達した。これを室生火山岩類と呼び、広がった範囲は東西30㎞、南北15㎞にわたる。この堆積物は強く固結し、ところどころに柱状節理ができている。

溶結凝灰岩の台地にはその後、侵食によって深

写真４　岩盤が出ている河床

写真５　カーブに堆積した岩塊

い谷が刻まれ、そこに滝ができた。滝のあるのは岩盤に入った割れ目（節理）の少ないところで、硬い岩盤が侵食に抵抗して崖を作り、そこに滝がかかったものである。

ただ切り立った側壁からは、時に岩盤崩落が起こるらしい。割れた岩塊は直径2、3mもある大きいものが多く、土石流によって運ばれるが、川の大きく曲がるところでは、岩塊同士が重なり合って動きがストップし、岩塊地を形成したとみられる。溶結凝灰岩という硬い地質でなかったら、ここの不思議な地形はできなかった可能性が高い。

岩盤
岩塊地
滝
滝
滝つぼ
滝つぼ

図２　滝と岩塊地の形成

写真６　溶結凝灰岩の岩盤　大きな柱状節理になっている　右下に人がいる

6

三重県

大杉谷
豪雨と硬い岩盤の作る荒々しい地形

日本屈指の降水量を誇る地域にできる谷や滝とはどのようなものか。

紀伊山地の険しい山々

紀伊半島の南部は、紀伊山地の山々が連なる、険しく奥深い山岳地帯になっている。そこを流れる熊野川は、河口から20㎞ほど登ると、東の北山川と西の十津川に分かれ、いずれも深い峡谷を作って流れている。二つの川の間には、八剣山(はっけんざん)や山上ヶ岳(さんじょうがたけ)といった、山岳信仰で知られる大峰山(おおみね)地の山々が南北に連なり、西側にも高野山や護摩(ごま)壇山(だんざん)といった信仰の山々がある。一方、北山川と吉野川の上流を結ぶ谷の東側には、大台ヶ原山(おおだい)や高見山地の山々があり、三重県側に流れる宮川や櫛田川(くしだ)との間の分水界を作る。

図1　大杉谷

写真１　豪雨で現れた滝　熊野川の支流の沢　水流で植被が削り取られてしまった　2011 年 9 月

日本屈指の降水量

大台ヶ原山と屋久島はいずれも、月に35日雨が降る、といわれるほど雨の多いことで知られている。もちろんすべての日に雨が降るわけではなく、晴れる日もそれなりにあるのだが。しかし一番の特色は、豪雨の頻度が高く、また豪雨が起こった時の降水量が異常に多いことがあげられよう（写真１）。

紀伊半島で被害が大きかった最近の豪雨では、２０１１年の台風12号に伴う「紀伊半島豪雨」または「紀伊半島大水害」がある。この時、北山川上流の上北山村では、72時間雨量が１６５２㎜、５日間の総雨量が１８１４㎜を記録し、紀伊半島全域が観測史上初めてという豪雨に襲われた。東京辺りの１年分の雨がたった３日間で降ったようなものだから、その激しさを想像できるだろう。おそらく１８８９（明治22）年の十津川水害を引き起こした豪雨に次ぐ雨量だったと思われ、熊野

写真２　破壊された熊野川の河岸　2011年９月

川の流域では、小さな支流の合流点の至るところで崩壊や土石流が発生した。なお十津川水害の後には、豪雨のため家や土地を流された村民２５００人が北海道に集団移住し、新十津川村を作った。

２０１１年の豪雨では、熊野川の河口近くの紀宝（きほう）町や新宮（しんぐう）市が洪水によって大きな被害を受けた。この時の熊野川の水量は毎秒10万m^{3}を記録し、日本の観測史上第1位となった（写真2）。ただし測器が水没したため、これ以上の水量は記録できなかったという。

比較のため、利根川の記録を見ると、１９４７年のカスリーン台風に伴う洪水がこれまでの最大とされており、八斗島（はったじま）の観測点（群馬県伊勢崎市）で毎秒2万２０００m^{3}という値が示されている。利根川の堤防が破れ、洪水が春日部や草加辺りを流れて東京の下町まで水に浸かるという大きな被害をもたらした洪水である。しかしそれでも、水量は毎秒2万２０００m^{3}となっている。２０１１年の熊野川の水量はそのほぼ5倍に達したと思わ

写真３　断層鏡肌

れるから、いかにひどい豪雨と洪水だったかがわかる。

大杉谷

大杉谷（おおすぎだに）は大台ヶ原山から東に向かって流れ出す宮川の源流部にあたる（図１）。ここから登る場合は、宮川ダムまでバスか車で延々と遡り、そこからようやく歩き始める。最初に出会うのが、ダム湖の湖岸に見える真っ黒な鏡肌で、基盤を切る断層面が斜めに露出したものである（写真３）。登山者は鏡肌の中間をそろそろと通らざるを得ない。

続いて硬い基盤を縦に掘り込んだ狭い通路が現れ、切り立った岩盤に人一人が通れるだけの凹みが造ってある（写真４）。なぜこんなことになったのかというと、普通なら川沿いに土砂が溜まってそこに通路ができるのだが、この山では豪雨の際の水の勢いが強すぎて、川沿いの岩盤を削りながら水が流れるため、水辺に土砂が溜まりにくく、そこには通路は作れない。止むを得ず、湖面から

写真４　岩盤を掘り込んで作った登山道

５、６ｍの高さの部分を削り込んで、通路を作ったため、このような面倒なことになったのである。

その先も同様で、登山道は岩盤に出会うと、そこを迂回して尾根筋まで上がり、尾根を越えたら、また沢の出口まで降りて歩く、の繰り返しである。そんなわけで行程がはかどらないこと甚だしく、標高ではたった300ｍ上がっただけのところにある「桃の木山の家」に着くのに5時間を要した。

豪壮な滝が次々に

途中から豪壮な滝に出会うことになった。落差が大きく水量の多い滝が次々に迫力を持って迫ってくる。さすが紀伊山地の滝である。滝を作り出した原因として二つの条件が考えられる。その一つが膨大な水量にあることはいうまでもないであろう。ではもう一つの原因は何だろうか。答えは異常に硬い地質である。

紀伊半島の地質は、基本的に四万十帯という付加体の堆積岩でできている。付加体というのは本

写真５　千尋滝

来ならば、泥岩や砂岩からなり、それほど硬くないのだが、紀伊山地では堆積岩のうち、チャートの占める割合が異常に高く、それが至るところで高い滝を作り出している（写真５）。そしてもう一つは、１４００万年ほど前に紀伊半島の南部で起こった火成活動である。紀伊半島では現在、火成活動は起こっていないが、当時、紀伊半島南部では巨大なコールドロン（カルデラの一種）ができ、地下から出てきたマグマがその縁に沿って噴出した。マグマは砂岩や泥岩に焼きを入れて硬い岩石に変えたり、直接地表に顔を出したりして、紀伊半島全体の岩石を硬くしてしまった。前者の代表が「瀞（どろ）八丁」の峡谷や巨大な「古座の一枚岩」であり、後者の代表は那智の滝を作る岩盤である。

ニコニコ滝

桃の木小屋へ行く途中に、ニコニコ滝という、険しい山岳地域にはちょっと似つかわしくない名前の滝がある（写真６）。高さ50ｍという水量豊かな滝で、滝の真っ正面には硬いチャートの壁があったが、豪雨のたびに滝からの水流が猛烈な勢いで衝突したため、壁はついに突き破られた。そこにできたのが「シシ淵」の深みである。硬い地質と豪雨が共同して作り出した得難い水景といえよう。

写真6　ニコニコ滝（奥）　手前の隙間は水流によって突き破られたチャートの壁

写真７　岩塊斜面

岩塊斜面

硬い岩にはチャートだけではなく、１４００万年前に堆積岩が焼きを入れられて変化し、硬くなってできた変成岩もある。そうした岩はところどころで割れて、写真７に示したような、大きな岩が累々と堆積した岩塊斜面を作り出している。岩塊斜面や硬い岩が作る川沿いの岩場には、標高が低いのにツガの森ができているが（写真８）、土

写真８　岩場に育つツガの森

壊が乏しいという悪条件を反映した植物の分布といえよう。

巨大な岩壁と岩峰

岩塊斜面を越えた辺りは平等嵓と呼ばれるところで、巨大な岩壁や岩峰がいくつも見え始めた(写真9)。嵓というのは切り立った岩壁を指している。ここでは高さ100mを超すと思われる、垂直の岩の壁がいくつもそびえ、圧倒的な迫力をもって迫ってくる。さすが紀伊半島である。壁には樹木はほとんど生育せず、側面にはわずかにツガやヒノキ、サワラらしい木がへばりついている。地質図を見ると、岩はチャートのようだが、はっきり

写真9　平等嵓の巨大な岩体(上)と、その底面に見える黒色の破砕された部分(下)

しない。

面白いことにこの巨大な岩体は、河床に転がっている岩塊を押しつぶしながら移動しているようで、岩体の下には黒く変色した破砕帯のような部分が認められる（写真9、下）。ここを越えると、宿舎の桃の木山の家はもう近い。

七ツ釜滝

翌朝、桃の木山の家から1時間ほど登り、落差120mの谷間に7段の滝がかかった七ツ釜滝という立派な滝を訪ねる（写真10）。七ツ釜滝は日本の滝百選の一つでもあり、美しい滝が連続して落下している。大杉谷ではこの先にもいくつもの滝があり、大いに食指をそそられるのだが、その日のうちに山頂の大台ヶ原山に辿り着く自信がないので、残念ながらここで引き返すことにする。

写真10　七ツ釜滝

七ツ釜滝だけでなく、先に見たニコニコ滝なども、立派さからいえば、百選の滝にふさわしいと思うが、日本中見渡すと立派な滝は他にもあり、この谷だけで二つというわけにはいかないのであろう。
大杉谷は険しい山岳地域で危険も伴うので、上級クラスの登山者でないと、訪ねるのは難しい。私も七ツ釜滝でやめたが、ここにあるのが、日本の第一級の自然であることは間違いない。実力のある方にはぜひ挑んでいただきたいと思う。

香川県

7

小豆島寒霞渓 凝灰角礫岩の作る名勝

1400 万年前の火山が作った「日本三奇景」の一つ。
北向き斜面の植物にも注目。

『二十四の瞳』の島

小豆島（しょうどしま）は瀬戸内海の香川県と岡山県の間にある島で、瀬戸内海では淡路島に次ぐ大きさを持っている。島はかつて壺井栄の小説『二十四の瞳』の舞台と目され、映画でも有名になったが、地形・地質の点でも面白いところが多い。たとえば過去には大阪城や伏見城の石垣を造るために、花崗岩の巨石が大量に掘り出され、島の東部には今でも切り出し跡が何か所も残っている。この花崗岩は8000万年前に貫入してきたものである。

図1　寒霞渓

写真１　寒霞渓　切り立った地形

瀬戸内海を代表する景勝地・寒霞渓

一方、島の観光の名所といえば、やはり寒霞渓(かんかけい)である（図１）。寒霞渓は小豆島を代表する名勝で、瀬戸内海を代表する景勝地でもある。１９３０年代、日本で国立公園の指定が話題になった時、寒霞渓は最初にあげられた有力候補地の一つで、ここを中心とする国立公園の設置が検討された。そのため最初に指定された瀬戸内海国立公園の範囲は、寒霞渓を東縁にし、屋島、鷲羽山(わしうざん)、鞆(とも)の浦くらいまでとかなり狭かった。現在のように広くなるのは、その後、数回にわたって拡張されてからのことである。

１４００万年前の火山

寒霞渓は耶馬渓(やばけい)、妙義山とともに日本三奇景に数えられており、岩峰や岩壁などの作る険しい地形が広い範囲に展開する（写真１・２）。なぜこん

写真２　寒霞渓全景

な珍しい景観ができたのだろうか。

　切り立った地形を作る地質は、１４００万年も前に稜線付近にあった火山から噴出した火砕流の堆積物である。噴出した火山礫や溶岩のかけらが高温の火山灰によって固められたもので、凝灰角礫岩といい、層になって堆積していることから、何回にも分かれて噴出したことがわかる（写真３）。ロープウェイから見える途中の崖でも、そういう地質断面を観察することができる（写真１）。

　凝灰角礫岩には長い間に縦方向の割れ目が生じ、そこから侵食が始まり、谷や深い溝ができた。しかし岩が硬く締まっているため、岩壁から礫が剥離したり、崩落したりすることは少なく、切り立った地形は維持されることになった。またロープウェイの終点から先はなだらかな尾根になっているが、ここにはよく観察すると、安山岩の溶岩が載っていることがわかる。こうした岩をキャップロック、つまり帽子のような岩と呼び、かつてはこの溶岩の層は下の凝灰角礫岩の層をもっと厚く覆い、侵食が進むのを抑えていたとみられる。

写真３　凝灰角礫岩

瀬戸内海火山帯

ところで讃岐平野には飯野山（讃岐富士）をはじめ（写真４）、富士山型のピークがいくつもあり、讃岐七富士と呼ばれてきた。七富士は地形学の分野ではビュートと呼ばれる残丘にあたるが、もとを辿ると、寒霞渓と兄弟分であることがわかってきた。飯野山などの山の上部を作るのはサヌカイトというきわめて硬い岩で、古くは石器に用いられ、現在でも楽器に使われることがある。写真５に示したのは、奈良県の二上山（にじょうさん）博物館に展示されていたサヌカイトの標本である。二上山でもサヌカイトが取れる。

火山地質学者の巽好幸氏によれば、サヌカイトや小豆島の安山岩は、当時できたての熱いフィリピン海プレートに沈み込んだ堆積物が、高温で融解して流紋岩質のマグマとなり、それがさらに地下深くで高温のマントルに触れて、マグネシウムに富む珍しい岩石となったのだという。彼はこの岩をサヌキトイドと命名した。寒霞渓の安山岩は、正確にいえばサヌキトイドで、小豆島は瀬戸内火山帯の中では最大の火山だったという。

珍しい植物が生育

ただ寒霞渓の火砕流は稜線部から南斜面にのみ

写真４　飯野山

写真５　サヌカイトの標本　磨いたもの（上）　割ったもの（下）

流れ、花崗岩からなる北向き斜面には流れなかった。このため北向き斜面では、侵食が早く進み、寒霞渓のような険しい地形はできなかった。両者に生育する植物も異なり、寒霞渓には樹木ではイワシデ、アカシデ、草本ではミセバヤやイワヒバ、ツメレンゲなど乾燥に強い植物が生育していることが知られている。ロープウェイで登る時、岩場の棚や隙間に生育する小さい植物にも注目していただくと、面白い観察ができると思う。

8

広島県

帝釈峡の深い谷と植生分布の関わり

独特なカルスト地形と周辺の植物はどのようにしてできたのか。

石灰岩の台地

広島県の東北部、岡山県との県境に近いところに、帝釈峡（たいしゃくきょう）という峡谷がある（図1）。海抜500mほどの石灰岩の台地を谷が100mも深く切り込み、全長は15kmもある。深い谷と天然橋、洞窟、岩壁、滝、渓流などの美しい景観で知られ、比婆道後帝釈国定公園と史跡名勝天然記念物に指定されている。峡谷を下ったところにある犬瀬には、大正時代、中国電力が高さ62.3mのダムを建設し、その結果、長さ8kmもある細長い人造湖・神竜湖ができ、上部とは異なる景観が広がる（写真1）。湖の深さは約60mである。

図1　帝釈峡

写真１　神竜湖　ダム湖で観光船が走っている

特異なカルスト地形

石灰岩地域にはカルスト地形ができやすい。日本では秋吉台や四国カルストのような、丘陵地の斜面に、高さ１mくらいの石塔が点在し、ところどころにドリーネやウバーレといった凹地があるという風景が一般的なカルスト地形で、帝釈峡のように深い峡谷を作っているところはあまり見たことがない。

石灰岩は風化には強いが、二酸化炭素を含んだ弱酸性の水による侵食には弱い。このため、石灰岩からなるレバノン山脈という山地で私が実際に見たところでは、海抜およそ３０００mの山頂部で、ドリーネの穴から浸み込んだ水は、山体の内部で鍾乳洞を作り、その後、中腹の１６００m付近で湧水となって突然、湧き出す。そしてそこから下流側に深い峡谷を形成し、そのままの形で、地中海に注ぐ（写真２・３）。帝釈峡の地形はこの地形によく似ている。

神竜湖の植物

次に、帝釈峡で最も一般的な神竜湖の周囲の岩壁に付いた植生について紹介したい。神竜湖を遊覧船で観察しながら回ると、切り立った石灰岩の壁になっているところと（写真4）、コナラなどの森林に覆われたところがあることがわかる（写真5）。

石灰岩の壁には高さ1、2mの常緑の針葉低木

写真2　レバノン山脈の石灰岩地域を侵食する谷　写真の右下の泉から突然始まり、深い谷を作ってそのまま地中海（左上の黒い部分）に注ぐ

写真3　山頂部のドリーネから吸い込まれる水　この後、地下水になり、中腹で湧き出す

写真４　石灰岩の壁

が、崖にできた割れ目やわずかな棚に付着するようにして生育している。双眼鏡で観察すると、ビャクシンの仲間らしい。『広島の自然』（六月社）という古い本で調べてみると、シンパクという名前があげられている。これはイブキの変種ミヤマビャクシンのことである（写真６）。

植生帯の低下

『広島の自然』によれば、帝釈峡では峡谷の内部で垂直分布帯の低下が見られ、上流にあたる上帝釈峡、中帝釈峡では、海抜400ｍから上でイタヤカエデ、ナラガシワ、クマシデ、サワシバ、カツラ、イヌブナ、メグスリノキなど山地帯の落葉広葉樹が生育しているという。いずれも本来なら800ｍ以上の高度に分布する植物だから、およそ400ｍの植生帯の低下が起こっていると見ることができる。これは大量の水流の存在と、空中湿度の高いことが大気の冷却をもたらしたためだと考えられる。また下帝釈峡ではシラカシやウラジロガシ、クス

写真５　植生の違いが紅葉の色の違いになって現れている

ノキなどの常緑広葉樹が増加するが、二次林ではコナラ林が優勢になり、崖地では全域でミヤマビャクシンが現れるという。ミヤマビャクシンは本来なら高山帯や亜高山帯の岩場に生える常緑の低木だが、低地でも峡谷や海岸など、地形が急峻で高木が生育できない立地には、隔離分布することがあるという。ここのミヤマビャクシンも同様に水流と石灰岩の岩壁の存在が分布を可能にしたのだと思われる。

写真６　壁にへばりつくように生育するミヤマビャクシン

9

山口県

大きな“岩の流れ”が作る地形 美祢市・万倉の大岩郷

天然記念物に指定された「岩海」の成り立ちを解き明かす。

大きな岩塊の流れ

美祢市は、山口県の中央部から北部にかけて広がる市で、カルスト地形で知られる秋吉台を含んでいる。合併にあたっては、市名を秋吉台市にすべきだという意見と、美祢市にすべきだという意見が対立したが、最後は投票で決めたという。一帯は優れたジオサイトがたくさんあるところで、全域がジオパークになっている。

さて、美祢市南部の山あいにある万倉地区には、直径2mから5、6mもあるような、丸みを帯びた大きい岩塊が集まって、「岩の流れ」を作っているところがある（写真1）。これを「万倉の大岩郷」と呼んでいる。地形用語で

図1　万倉の大岩郷

写真1　万倉の大岩郷（視線を遠くに持っていくと立体的に見えるようになる）

は「岩塊流」あるいは「岩海」と呼ばれるものだが、大きい岩が累々と堆積しているこの不思議な地形は古くから人々の関心を呼び、1935年には国の天然記念物に指定された（図1）。

万倉の大岩郷の東3kmには、やや規模が小さいが、吉部の大岩郷があり、他に広島県や岡山県でも、何か所か発見されている。そのうち広島県の三原市北部にある久井の岩海は、1964年、やはり国の天然記念物に指定された（写真2）。久井では岩海を「ごうろ」と呼んでいる。

岩海は興味のない人にはただの大きな岩の集まりに過ぎないが、それが数百mも続くと大変な迫力があり、一見の価値がある。

岩海のでき方

岩海はどのようにしてできたのだろうか。実は岩海には二つのタイプがある。一つは高山や極地に見られるタイプで、岩盤が凍結破砕作用で大きく割れ、岩塊となって凍土上を下方に移動したものである。この場合、できた岩は角が尖ってカリカリしている。北上高地の早池峰山や五葉山、北アルプスの黒岳、中央アルプスの駒ヶ岳、南アルプスの白鳳峠などで見られる岩塊斜面はその代表的なものである。中国山地でも比婆山などに小規模なものが存在する。

これに対し、万倉の大岩郷の場合、でき方はこ

写真２　久井の岩海

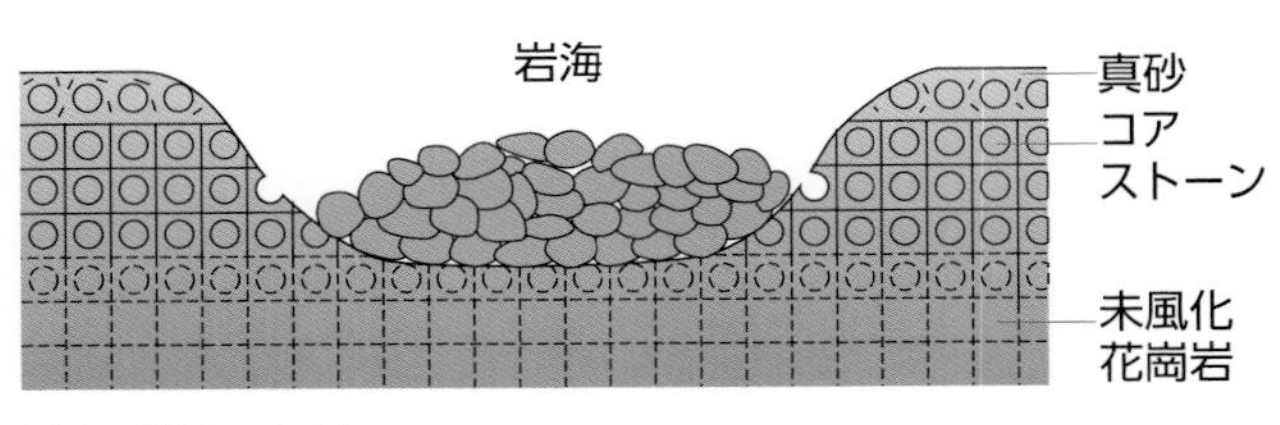

図２　岩海のでき方

れとは異なる。基盤の石英閃緑岩（花崗岩の仲間）の内部に、大きな間隔で割れ目の入ることが始まりである。次に、割れ目に沿って雨水が侵入し、そこから風化が進んで、縦横に生じた割れ目の真ん中に大きな丸い岩ができてくる（図２）。これをコアストーンと呼んでいる。そして長い時間が経過すると、岩と岩の間にできた真砂は雨によってしだいに除去され、丸い岩が表面に出てくる。

現在、岩塊が移動している形跡がないことから、これまでは風化と雨による真砂の除去で、この地形ができると考えられてきた。しかし私は、岩海の形成には過去に発生した集中豪雨が関わったと考えている。

写真３　万倉の大岩郷の岩塊流の末端

集中豪雨の役割

風化が進んで、表面に岩塊が現れた頃に猛烈な集中豪雨があると、岩塊のある谷筋には水が集まり、真砂と雨水は混じっておじやのような状態になる。すると土砂の密度が高くなるため、大きな岩も浮力を受けて持ち上がり、ついには重力の働きによって動き始める。その結果、谷間に詰まっていた無数の岩塊全体が、規模の大きい土石流のような形になっていっせいに動き出す。しかしある程度動くと、滑剤になる土砂が流れ出してしまうため、全体の動きはストップする。これが私の考えた、岩塊流の生じる仕組みである。

岩海全体の傾斜がなだらかなことと、末端が崩れ落ちたような形になっていること（写真３）が、その根拠となろう。また前に述べた吉部の大岩郷が、万倉の大岩郷とは山の稜線を挟んで反対側の斜面の麓にあることが、豪雨がきっかけになったというこの説の裏づけになるだろう。

山口県・福岡県

10

秋吉台と平尾台のカルストを比較する

石灰岩は同じ時期に堆積したはずなのに、なぜ地形は異なるのか。

2種類のカルスト地形

カルスト地形については高校の教科書に出てくるせいか、鍾乳洞、ドリーネ、ウバーレ、カレンフェルトなどといった用語まで知られている。主に石灰岩の溶食で生じる地形で、中国の桂林のような、円錐状の高まりがいくつもできる場合もあれば、秋吉台（山口県）のように緩やかな丘陵を作る場合もある。

秋吉台と福岡県にある平尾台は岩手県の龍泉洞と並び、日本三大カルストと呼ばれることがある（図1）。しかしカレンフェルトを作る一つひとつの石塔（ピナクル）は、秋吉台（写真1）では先が尖っていて、その表面にはラピエという小溝が発達している

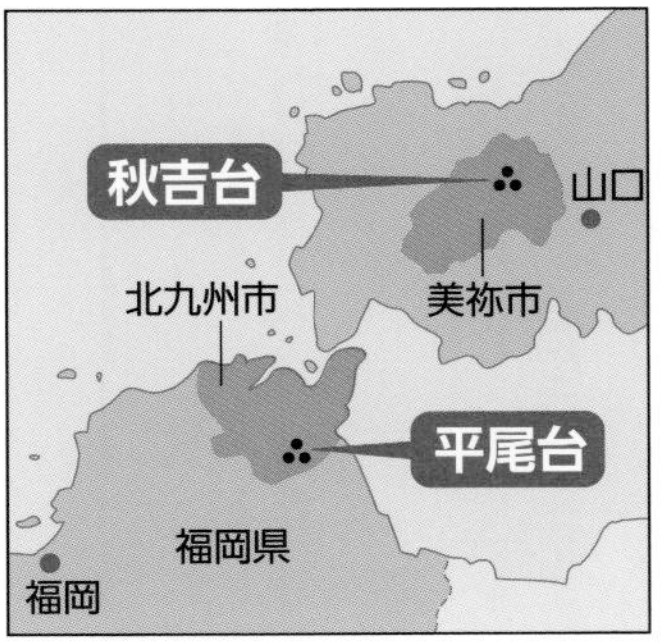

図1　秋吉台と平尾台

写真1　秋吉台のカレンフェルト

（写真2）。

頭が丸い平尾台のピナクル

一方、平尾台ではピナクルは頭が丸まっていてラピエは見られない（写真3）。その典型は写真4に示した千貫岩(せんがんいわ)で、丸みを帯び、ほとんどタコのような形をしている。千貫岩などという名前でなく、タコ岩のほうがよほど合っていると思われるほどである。なぜこんな違いが生じたのだろうか。

秋吉台は日本最大のカルスト台地で、古生代の石炭紀ないしペルム紀（3億1千万年前～2億6千万年前）に堆積したサンゴ礁起源の石灰岩からなる。当時、古太平洋の赤道付近に、玄武岩質の火山がいくつも生まれ、それぞれの島を取り巻くようにサンゴ礁が生じた。このサンゴ礁の石灰岩は、島が沈下して海山になるのに伴って500～1000mもの厚さを持つようになり、最終的に秋吉台の他、平尾台、帝釈台、さらには糸魚川の明星山などに分布する石灰岩になった。これら

写真２　秋吉台のピナクルとラピエ

の石灰岩地域にはいずれもカルスト地形が発達するが、平尾台の地形だけが異なっている。

平尾台の石灰岩はどこが違うのだろうか。堆積の時期は秋吉台の石灰岩と同じであるから、問題はそれより後にある。

違いが生じた原因

実は平尾台の場合は、現在の場所に落ち着いてから後の約1億年前、地下にマグマが貫入してきた。そのため、ここの石灰岩は高温で焼かれて再結晶化し、粗粒な結晶質石灰岩、つまり大理石に近いものになった。石灰岩は通常、灰色のものが多いが、平尾台の石灰岩は大理石といってもおかしくないほど白く輝いている。

ところが粗粒な結晶と結晶の間には微小な隙間ができ、その中にシアノバクテリア（藍藻）が入り込んで繁殖した。それが石灰岩を溶かし、石塔の頭を丸くしたのだそうである。この話は、カルスト地形や洞窟の研究家として有名な浦田健作氏

写真３　平尾台のカレンフェルト

写真４　千貫岩

から伺ったのだが、お陰で謎解きが可能になった。シアノバクテリアというのは、生物の進化の歴史の中で初めて光合成の能力を獲得した藻類で、副産物として酸素の大量発生をもたらし、地球環境を大きく変化させた生物として知られている。オーストラリアのシャーク湾などの浅瀬には、シアノバクテリアが直径数十cmのドーム状の高まりを作ることがあり、ストロマトライトと呼ばれている。

平尾台の石灰岩が本来は白いのに、表面が黒ずんでいるのもシアノバクテリアの色が着いたせいであろう。

第5章

植物

北海道

1

落石岬 アカエゾマツとミズバショウの作る不思議な空間

地面の一部が凍結によって丸く持ち上がる
「土饅頭」はいつできたのか？

珍しいアカエゾマツが

北海道根室半島の付け根の南側に落石岬（おちいし）という小さな岬がある（図1）。岬というが、周りは断崖絶壁に囲まれ、ほとんど島に近い（写真1）。

車で崖を上がると、上は高さ50mほどの平坦な台地になっていて、そこには湿性の草原とアカエゾマツのみごとな純林が交互に現れる（写真2）。

アカエゾマツは北海道と、岩手県の早池峰山にしか分布しない珍しい針葉樹で、北海道でも橄欖（かんらん）岩地や蛇紋岩地、砂丘上、あるいは湿原の周囲など、厳しい環境条件の場所にのみ分布することが知られている。

図1　落石岬

写真１　島の上から見た海面　大きな岩が落石岬の名前のもとになったようだが、詳細は不明

土饅頭の上に生育

ここのアカエゾマツは面白いことに、点在する高さ50㎝、直径１ｍくらいのミズゴケに覆われた土饅頭（どまんじゅう）の上に生えている（写真3）。そして土饅頭の間の水溜りにはミズバショウが大きな葉を広げている。木と草の奇妙な組み合わせだが、こじんまりして美しい景色が展開し、死んだらここに葬ってもらいたいわ、などというご婦人が少なくなかった。

土饅頭は谷地坊主とかアースハンモックとか呼ばれる地形で、地面の一部が凍結によって丸く持ち上がる現象である。岬は13万年前の温暖期に、表面が波の侵食で平らに削られ、その後に隆起して現在の標高に達した。しかし平らで水はけが悪いことに加え、雨や霧の多い道東の気候によって、表面は湿性の草原やミズゴケに覆われることになった。

写真２　アカエゾマツ林と草原

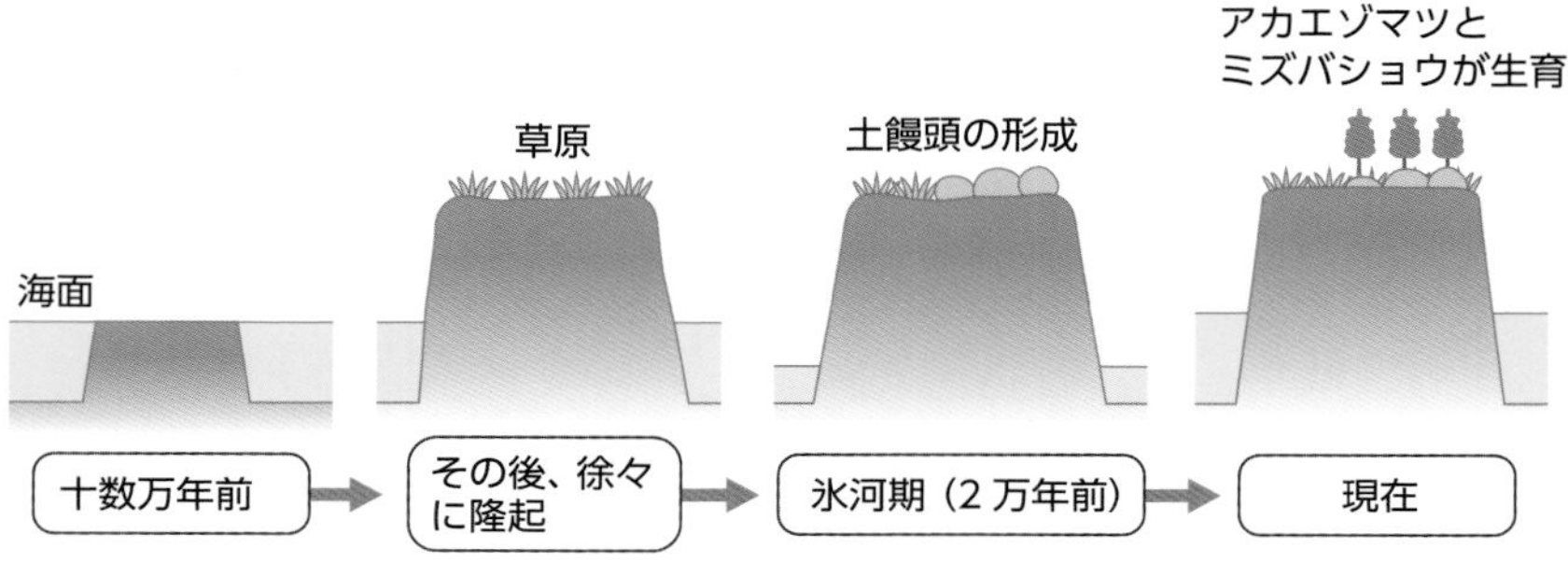

図２　落石岬の植生景観の形成過程

土饅頭はいつできたか

その後、２万年前には氷河期がやってくる。この台地の上には微妙な高さの差があるが、わずかに高くなった部分では強風で雪が付きにくいため、凍結の作用を強く受け、そこに土饅頭がたくさんできたと思われる。土饅頭は現在の気候では、大雪山のような海抜２０００ｍくらいの湿っぽい場所にできる。したがって、ここに土饅頭ができたのは寒冷な氷期だろうと私は推定した。しかしちゃんと調査した人がいて、それによれば、氷期が終わってからできたのだという。土饅頭を覆う火山灰から推定したものだが、土饅頭ができたことで、前にあった火山灰が押し上げられたのか、丸い土饅頭があったところに火山灰がそのまま載ったのか、判断はなかなか難しい。ただ土饅頭が現在、形成中でないことだけは確実である（図２）。

写真３　土饅頭の上に育つアカエゾマツ

ミズバショウも

土饅頭の上は周りより50㎝くらい高くなっているから、その分、乾燥し、樹木にとっては生育しやすかったようで、そこにアカエゾマツが生育するようになった。それが現在の姿である。ただ貧栄養だし、強い酸性でもあるので、アカエゾマツの生長は遅く、ずんぐりしている。一方、水が浸透しないため、土饅頭と土饅頭の間には水溜りができ、そこにはミズバショウが生育している。

落石岬ではサカイツツジという植物が国の天然記念物に指定され、それを見に来る人が多いらしい。サカイツツジは樺太やカムチャツカ半島に分布する植物で、落石岬のサカイツツジはその南限の自生地として指定されたものである。しかしこのアカエゾマツとミズバショの作り出す植物景観は、他に例を見ない素晴らしいものである。私はこれこそ天然記念物にふさわしいと考えている。ここを訪れたらぜひご覧いただきたい。

山形県

2

なぜか春が早くやってくる！高館山と春植物

立地と標高からは理解できない二つの不思議に出会う。

カタクリの名所

高館(たかだて)山は山形県鶴岡市の郊外にある海抜273ｍの低山である（図1・写真1）。ここはカタクリやオオミスミソウなど美しい春植物の名所で（写真2）、春先にはそれを見るため、遠くからわざわざ訪ねる人が少なくない。

図1　高館山

なぜか暖かい高館山

ただ、この山にはいくつも不思議なことがある。まずカタクリなどの春植物の開花が異常に早いこと。たとえば、東京など南関東でのカタクリの開

写真１　春先の高館山

花は3月下旬から4月初めである。しかし高館山は東京から400 kmも北の日本海側にあるにもかかわらず、1週間ほど後の4月初旬にはもう花が満開になる。4月初旬に行った最初の観察会の時、私たちは東京からバスで行ったが、途中通過した新潟県はずっと深い雪の中で、誰もがこの時期、カタクリにはまだ早すぎるのではないかと心配するほどであった。新潟県では5月の連休辺りがカタクリの開花する時期なのである。

しかしその心配は杞憂に終わった。現地に着いたらもう雪はなく、いろいろな植物が開花し、それだけではなく、ギフチョウ（写真3）も飛んでいるという、ウソのような暖かさだったのである。

なぜだかわからないのだが、高館山一帯はどうやら春が早く来るらしい。この山は海岸と内陸の鶴岡盆地との間にそびえるが、この山自体が冬の季節風を遮る役割を果たし、また海寄りには幅の広い庄内砂丘があって何列もの松林を作るため、この山の東面には冬の季節風が強く当たらない。そのせいで雪も少なく、暖かくなりやすいのかも

写真２　カタクリ（左）とオオミスミソウ（右）

写真３　ソデに止まったギフチョウ

しれない。

春植物が次々と

高館山にはきれいな花をつける植物がきわめて多い。カタクリやオオミスミソウをはじめとして、キクザキイチゲ、イチリンソウ、ニリンソウ、エンレイソウ、イワウチワ（写真４）、ショウジョウバカマ、コシノコバイモなどなど。それにギフチョウの食草となるコシノカンアオイもあるし、何とシラネアオイも咲いていた。ジロボウエンゴサクやミヤマカタバミもある。まさに百花繚乱である。

もう一つの不思議
山の上のほうにはブナ林が

暖かいはずの山だが、高館山の海抜およそ100ｍから上はブナ林になっている（写真５）。いくら山形県でも、異常に低いところに生育するブナ林だといわざるを得ない。なぜこんな低いところにブナが分布するのだろうか。山の上のほうは冬の風

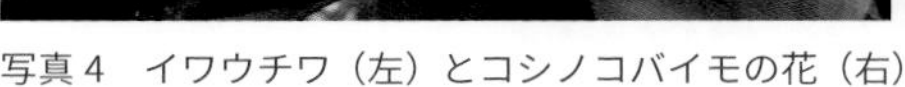

写真４　イワウチワ（左）とコシノコバイモの花（右）

が吹き抜けるために冷えてブナ林になっている可能性が高いが、実際のところよくわからない。

ここのブナ林は細身のさまざまな直径の木からなるが、雪が少ないせいか、根曲がりは起こっていない。伐採の跡は見られないが、もしかしたらかつては燃料用に伐採していたのかもしれない。あるいは基盤が割れ目の多い、もろい泥岩でできているので、ある程度太くなると、木の重さを支え切れずに倒れてしまうことも考えられる。

写真５　ブナ林

いずれにしても、春はブナ林の下の地面にはよく日が当たるし、海抜100ｍより低いところはケヤキやアブラチャンなどの雑木林になっているので、やはり林床に日光がよく届く。偶然かもしれないが、この山は春植物の生育にはこれ以上ない、いい環境がそろっているといえそうである。

新潟県

3

佐渡島・金北山で咲き乱れる春植物

1000m を超す程度の山だが、
北アルプスの縮図のような山の植物に目を見張る。

大佐渡山地の最高峰

佐渡島には国中平(くになか)野を挟んで、大佐渡山地、小佐渡山地の二つの山地がある。このうち北にあるのが大佐渡山地で、その真ん中付近に金北(きんぽく)山という山がある（図1）。標高は1172m。佐渡島の最高峰である。

図1　佐渡島

花の山・金北山

この山は十数年前までは地元の人以外、あまり知る人もいなかったが、近年、急速に人気が出て、5月の連休明けくらいの時期には多くの植物愛好家でにぎわうようになった。金北山の北にあるドンデン山付近から金北山を経て南の妙見(みょうけん)山付近

写真１　キクザキイチゲ

写真２　ザゼンソウの花

にかけての稜線沿いが、カタクリやオオミスミソウ、キクザキイチゲ（写真1）、ザゼンソウ（写真2）、ニリンソウなどの春植物の名所であることが知られたためである。

北アルプスの縮図のような山

大佐渡山地は標高が１０００mをようやく超す程度の、それほど高くない山地だが、冬場は日本海を吹き抜けてくる強い季節風に直面する。このため、稜線沿いの西向き斜面では雪が風で吹き払われ、東向き斜面の上部に吹き溜まる。その結果、東向き斜面にはカタクリやオオミスミソウなど、多数の春植物が咲き乱れることになった。

私が訪ねた時も、ドンデン山辺りではすでに雪が消え、カタクリやキクイザキイチゲなどがまさに満開だった。しかし金北山に近づくとまだ雪が残っており（写真3）、雪の中にこれから咲こうというカタクリの姿が見えた。ドンデン山辺りでは珍しいザゼンソウの大群落も見られ、同行した皆

写真３　雪の吹き溜まり　解けるとすぐにカタクリが開花する

さんは大喜びであった。

シカのいない島

ところで佐渡島が花の島になっているのには、もう一つ別の理由がある。それは現在、全国各地で植物に食害をもたらしているシカやサルが、佐渡島にはいないことである。佐渡島が日本海の海上に姿を現したのはおよそ30万年前と推定されており、意外に新しい。そしてそれ以降、佐渡島は本土と陸続きになることはなかった。本土との間に深い海があり、氷期に海面が低下しても島の状態が保たれたのである。植物のほうは風に飛ばされたり、海流で運ばれたりして、分布を拡大することが可能だが、シカなどの大型の動物は陸続きでないと移住は難しい。おかげで佐渡島の植物は食害を免れることができ、真っ先に食べられてしまうシラネアオイもきれいな姿で咲いている。

ザゼンソウの花（写真２）も本州のものに比べて赤が強く鮮やかである。また本州では花が咲い

写真４　稜線沿いに広がる礫地

てから葉が伸びてくるが、佐渡では葉が先であり、生活史が大きく異なっている。これにも島の自然史が関わっている可能性が高い。

稜線の西側では

稜線の西側は強風にさらされ、古い火山性の砕屑物が広い範囲にわたって表面に露出している（写真４）。これは１５００万年前に堆積したもので、その後、島の隆起に伴って高いところに持ち上げられ、現在の位置に達した。それが冬場に凍結破砕作用によって砕かれ、褐色の細かい砂礫となっている。稜線付近には薄茶色の裸地という、ちょっと異様な風景が展開するが、これはどうやら人の手が入ったせいのようである。

稜線沿いをよく見て行くと、極端に変形したブナ（写真５）やハクサンシャクナゲ、レンゲツツジ、ウラジロヨウラクなどの低木や、ミヤマトウキ、タカネマツムシソウ、イブキジャコウソウなどの草本がところどころに生えているのを見ることができる。かつては中腹以上にはブナやミズナラが生えており、最上部のみ低木と草原になっていたらしい。ところが春の農作業を終えた後、不要になった牛を、村人が山の上の草原に追い上げ、放牧をするようになって、急激に荒廃が進んだという。

荒廃した景色を何とかしたいという意見も出るようだが、冬は猛烈な風にさらされ、凍結も激しいことから、草原の復活はなかなか難しいようである。

変形したスギの巨木林

大佐渡山地北部の山毛欅ヶ平山（ぶながだいらやま）にある新潟大学の演習林には、異様に変形したスギの巨木林があり、アニメ映画「もののけ姫」の世界を彷彿とさせるような風景が広がる（写真6）。

演習林の研究者からは、斜面を駆けあがる上昇気流が霧を発生させ、それがブナの代わりに湿気に強いスギ林を育てたという説明があり、その通りだと思う。あまりの湿気に、ブナも生育が困難になってしまったのだ。一方、スギのほうは湿気に強い上、雪の重さで枝が垂れて地面に着くと、そこで根を下ろし育ち始める。その結果、主幹と隣に生えてきた枝が癒着して異様な形の巨木になったのである。

ここの演習林では、スギは木材としてはほとんど価値がないため、かつては持て余していたというが、突然、新たな魅力が発見され、今や新潟大学の宝物となった。そのいきさつを簡単に書いておきたい。

もとは金山の森だったが

この演習林、もともとは江戸時代の金山に付属する森林で、幕府の持ち山であった。ところが旧制新潟高校が戦後、新潟大学になるにあたり、農学部には演習林が必要だということを文部省に指摘され、県内で探したが、適当な場所が見つからない。いろいろ探した結果、ようやく見つかった

写真５　変形したブナ

写真６　変形したスギ

のが、佐渡島・大佐渡山地の現在の場所だったという。ただ、ここの森はまとまった面積ではあったが、樹木が変形しすぎていて材としての価値はほとんどなく、一方で林道の補修などに費用がかかるので、大学としては持て余していたのが正直なところであった。

ところが２００８年７月７日からの３日間、北海道の洞爺湖湖畔で行われた主要国首脳会議で、なぜか佐渡島の変形したスギの巨木の写真集が配布され（お土産だったらしい）、俄然、人気を呼ぶことになった。こうして持て余していたスギの巨木林は、新潟大学の宝物になった。世の中には本当にお伽噺のようなことが起こるものである。

4

石川県

能登半島・猿山岬のオオミスミソウ群落

咲き乱れるオオスミソウの大群落ができた条件とは?

花の名所・猿山岬

3月末、能登半島の北西の角にある猿山岬を訪ねた(図1・写真1)。春先に開花するオオミスミソウの花(写真2)を見るためである。ここには日本有数のオオミスミソウの群落があって、紫、ピンク、白、青などさまざまな色の花をつけ、花好きの人たちを招き寄せる。岬の灯台の手前に駐車場があり、そこからちょっと山に登れば、すぐにみごとなお花畑に出会うことができる。

図1　能登半島猿山岬

咲き乱れるオオミスミソウ

この時期には、オオミスミソウの他にも、キク

写真１　猿山岬　細長い岬がいくつも延びている

写真２　オオミスミソウの花と群落

写真３　イカリソウの花

ザキイチゲ、イチリンソウ、イカリソウ（写真３）などが見られ、訪ねた人たちは皆、満足そうである。なおオオミスミソウは別名、雪割草ともいう。一時、盗掘で花がだいぶ減ったそうだが、地元の人たちの努力で、盗掘は減少し、きれいな花の岬が戻ってきたという。

大群落ができた理由

登山道を歩きながら、この岬一帯でなぜオオミスミソウの大群落ができたのかを考えてみた。これだけの群落ができるのはそう簡単なことでなく、やはりいくつかの条件が重なることが必要なようである。

まず岬一帯は写真４に示したようにケヤキの純林になっていて、春先はまだ木の葉が開いていない。このため、林床には日光がよく当たる。これがオオミスミソウなどの春植物が生育するための第１の条件であろう。このケヤキの林には伐採された跡がなく、自然林だと考えられるが、これだけの規模のケヤキの林は全国的に見ても珍しい。ではなぜここにケヤキが生育するようになったのだろうか。これにはどうやら基盤の地質が効いているようである。ここの基盤は１９００万年くらい前、日本海が誕生した頃に海底から噴出した火成岩で、火山性の礫や火山灰が固まってできた凝灰角礫岩（写真５）と、溶岩の層が交互に堆積している。

ただ凝灰角礫岩などが隆起して陸上に顔を出した年代は、海成段丘の高さと、１０００年で１m

写真４　ケヤキの純林

という現在の隆起の速度からみて、そう古い時代ではなく、30～40万年くらい前だと推定できる。岩盤が硬い上、隆起が速いため、溶岩の部分の風化は進まず、土壌はできにくい。このためケヤキは岩盤にしがみつくようにして生育している。ケヤキは武蔵野台地によく見られることから、土壌の厚い台地が本来の生育地だと思われているが、これはすべて人工的に植えられたものであり、自然状態での生育地は川沿いの岩盤である。東京でいえば、多摩川の青梅より上流側や、秋川の上流部の川沿いにある小仏層群の岩盤が本来の生育地にあたる。猿山岬の場合、斜面の傾斜が険しく、ほとんど岩盤が露出しているような地形であるため、ケヤキの純林が生じたと考えられる。ササがないのも同じ理由であろう。

凝灰角礫岩の場合は？

ここの凝灰角礫岩はさらに、表面から礫や火山灰が剥がれ落ち、適度に混じって湿った黒い土壌

写真５　基盤の凝灰角礫岩

写真６　階段状になった群落

を作り出す。ただしすぐ下が基盤であるため土壌は薄い。またかなり傾斜があるため、表土が滑って高さ10㎝くらいの小さな階段ができ、ところどころに岩や土壌が露出している。その結果、オオミスミソウは水平に列を作って生育し、階段状に咲いているところが多くなった（写真６）。この表土の滑りはオオミスミソウなどの種子の拡散を促し、分布の拡大をもたらしているとみられる。なお山頂付近の緩傾斜地では個体数は減少し、場所によってはないところもある。これは山頂付近では冬場、強風で雪が吹き払われ、表土が凍結してしまうためだと推定できる。逆に山頂付近でも浅い谷筋には、オオミスミソウやイチリンソウなどがある程度生育しており、このことから考えると、谷筋に溜まる冬場の雪が植物の保護に効いている可能性が高い。

猿山岬へはバスはないので、能登空港か金沢駅からレンタカーがお勧め。少々お金がかかるが、それだけの価値はある。余裕のある方はタクシーでどうぞ。

群馬県

5

美しいコケが作った鉄鉱山 チャツボミゴケ公園

温泉水が噴き出る場所に自生するコケの驚きの作用とは？

温泉に育つ緑のコケ

群馬県を代表する温泉といえば、まずは草津温泉だが、温泉街のある台地を北に向かって車で20分くらい走ると、中之条町に入る。そこからさらに山間に入ると、10分ほどで、きれいな黄緑色のコケの間を温泉水が勢いよく流れる、ちょっと変わった公園に出会う。これがチャツボミゴケ公園である（図1・写真1）。チャツボミゴケというのは茶色のツボミゴケという意味で、密生したコケが小さいツボミのような先端をつけることに由来する（写真2）。茶色のほうはコケの一部が茶色をしていることによるらしい。

なお近年、訪れる人が増えたため、大きな駐車場が作られ、そこからシャト

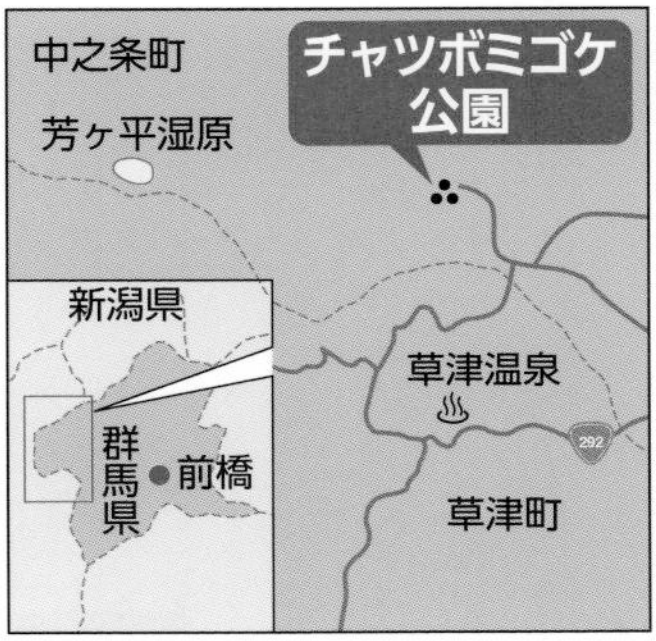

図1　チャツボミゴケ公園

ルバスに乗り換えることになった。入園料込みで600円。ちょっと高い感じだが、5分おきくらいにバスが出るので、便利ではある。

写真１　チャツボミゴケ公園

戦時中は鉄鉱山に

ここは20数年前、近くの常布（じょうふ）の滝という滝の地質を調べた時に、同行した知人がこんなところもあるよ、といって紹介してくれたので併せて見た。当時は小さな管理用の建物があるだけで、訪ねる人もなく解説板もなかったので、温泉なのにきれいなコケの生えた不思議な場所だなぁ、なぜ温泉施設ができないのだろうと思っただけで終わった。しかしその後、調べてみたら、ここは実に面白い履歴を持つ場所だということがわかってきた。戦時中の１９４３年、露天掘りの鉄鉱山として開発され、当時は群馬県内で第2位の産出量を誇ったという。ピーク時には２０００人もの人が働いており、鉱石の運搬のために鉄道まで敷設された。

コケが作り出した鉄鉱石

ただ、なぜ鉄がそこにあったのかわからないだろうから簡単に解説すると、鉄を作り出したのは何とチャツボミゴケである。このコケが、鉄イオンを含む強酸性の温泉水の中で育つうちに、共生するバクテリアが鉄を吸着し、鉄の塊（褐鉄鉱）を作り出したのだという。いわば生物起源の鉱石だということである。生物起源の岩というと、さて、と考えてしまうが、サンゴ礁の石灰岩がそうだし、シアノバクテリアが作るテーブル状の地形もそうである。

それにしても、コケが強酸性の温泉水の中で育つ、というだけでも驚きだが、できた鉱石が採掘するほど大量にあったということにも驚かされる。おそらく形成に何万年もかかったのだろう。なお採掘跡は「穴地獄」と呼ばれ、今は公園になっている場所だが、生き物が落ちると強酸性の温泉水に当たって死んでしまうので、こんな名前になったという。

この鉱山は１９６６年まで操業し、閉山になってからは日本鋼管が保養所を作って50年近く管理してきた。その後、２０１２年に中之条町に寄贈され、現在は町が管理しているが、その間に妙な開発が行われなかったことは誠に幸いであった。なおここは２０１５年、草津白根山の芳ヶ平湿原とともにラムサール条約に登録され、さらに２０１９年、国の天然記念物に指定された。

写真２　チャツボミゴケ

東京都

6

玉川上水 冷たい水がもたらした山の植物

400年前までは乾いた草原だった武蔵野。
その後の上水の歴史が植生を変えた。

山の植物が生育

先年、東京・小平市の「ちいさな虫や草や生き物たちを支える会」(通称ちむくい)の皆さんと一緒に、玉川上水に沿って歩いた(図1)。玉川上水はよく知られているように、江戸時代の初期に造られた飲用水用の上水で、武蔵野台地上を東西に流れ、水路に沿って緑地帯(雑木林)が続いている。

西武線の鷹の台駅付近を手始めに、皆でわいわいとこの林の植物を見ながら歩いているうちに、山の植物がいろいろ生育し始めているのに気がついた。トチノキ(写真1)、クマシデ、イヌザクラなどの樹木とホウチャクソウなどの草本、それにカタクリ、イチリンソウ(写真2)、キクザキ

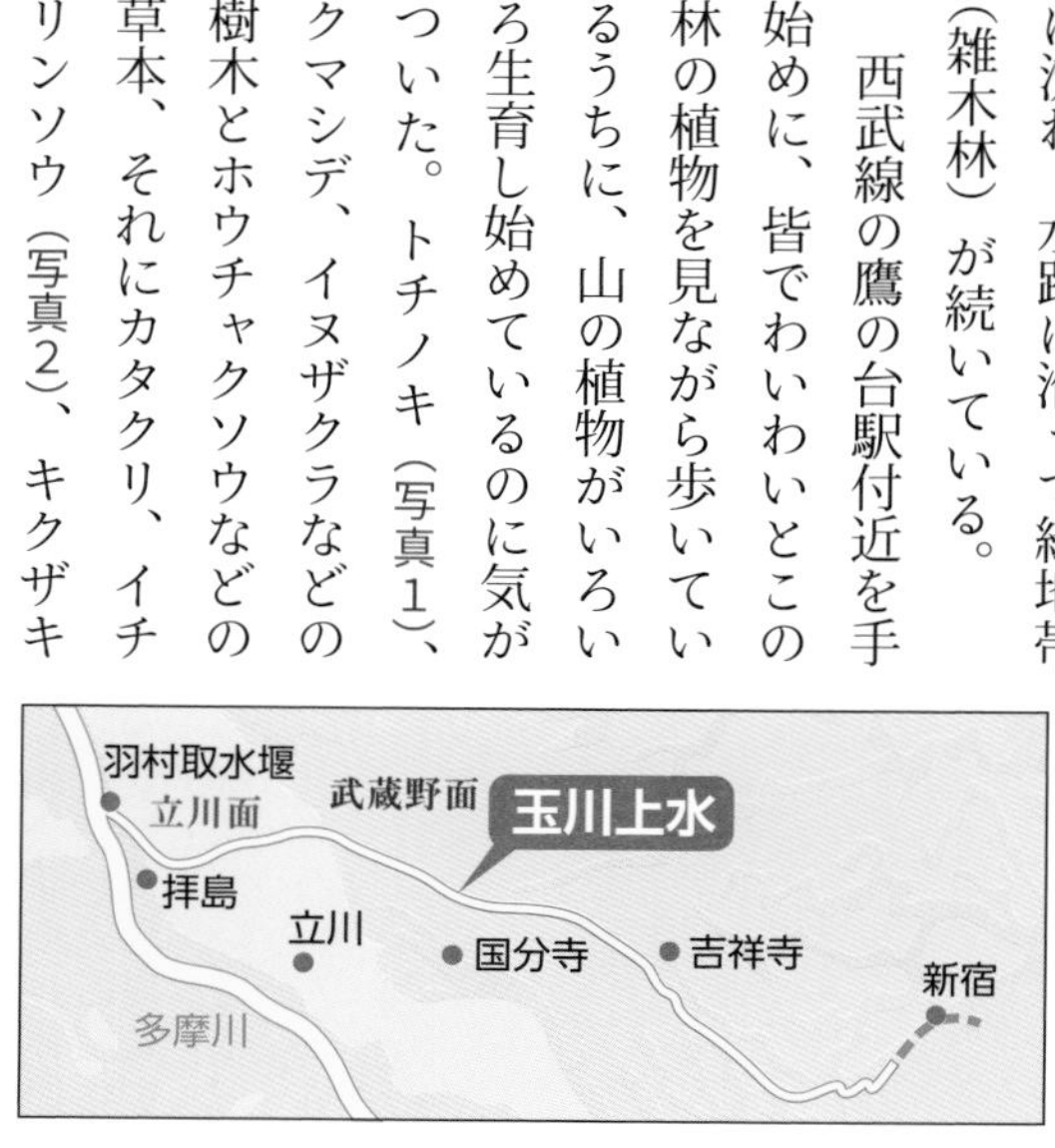

図1　玉川上水

イチゲなどの春植物である。小平市があるのは海抜わずか80ｍほどの台地上だから、先にあげた植物は、本来ならばこの辺りには生育しえないものばかりである。

武蔵野はもともとススキやオギ、オミナナシなどの草が生える乾燥した草原であった（だから武蔵「野」なのである）。こういう乾いた状態はおよそ８０００年前から始まり、その後、火入れによって維持され、玉川上水が造られたおよそ400年前まで続いてきた。

写真１　トチノキ

写真２　イチリンソウ　ちむくい提供

クールアイランドができた

玉川上水ができてから、上水沿いでは湿り気が増し、ケヤキやコナラ、イヌシデなどの樹木が育つようになった。しかしトチノキなどの山の植物が育つというのはやはり不思議である。なぜだろうか。

明治３（１８７２）年から明治5（１８７４）年にかけて玉川上水では、江戸時代には許可されなかった川舟を用いた物資の運搬が盛んに行われるようになり、その結果、上水の水はすっかり汚れて、飲用には不向きになってしまった。このため、汚れていない多摩川の水を直接、玉川上水の下流側に導くことが計画され、「新堀」という地下水路が掘削された（写真３）。小平監視所までは上水を流れてきた多摩川の水だが、小平監視所から下流は新堀の地下トンネルで水を導き、小平市の鷹の台駅の南西にあたる「狸堀（たぬきぼり）」で地上に顔を出す。そしてそこからは玉川上水のすぐ北側を

写真３　玉川上水（左）と新堀（右）の間の歩道　クールアイランドになっている

並行して流れる。

こうして玉川上水の北側には、新旧二つの水路に挟まれた歩道ができた（写真３）。そこは時間が経過するうちに、新堀を流れる冷たい水のために冷やされ、周りより涼しいクールアイランドになった。その結果、山から流されてきた山の植物の種が発芽し、武蔵野台地に生育するようになったのである。

またカタクリやキクザキイチゲなども、もともとこの辺りには生育していなかった。生育していたのは、加住(かすみ)丘陵や草花丘陵といった丘陵の北斜面や、黒目川や白子川などが武蔵野台地を刻んでできた谷の北向き斜面などで、水分条件がよく、特別涼しい場所に限られていた。しかし新堀ができて百数十年経つと、新堀沿いではクールアイランドのおかげで、カタクリなども生育できるようになった。また山の木だけでなく、山の草も生育するようになり、植物相が豊かになったのである。

写真４　立川付近の浅い玉川上水

深山の峡谷のよう

ところで上水の水路は、羽村から立川付近を流れている時は浅いが（写真４）、小平監視所の下方から急に深山の峡谷のように変化する（写真５）。なぜこのようになったのだろうか。

地形を見ると、監視所より上流側は、立川面という３万年くらい前にできた低い段丘上にあり、下流側は武蔵野Ｉ面という10万年くらい前にできた高い段丘にある。低い立川段丘上に造った水路の水面の高さを維持するためには、高い段丘を深く削り込まざるをえなくなった。これが下流側に峡谷のできた原因である。

ただこれだけでは、上流側の水路が浅い理由が説明できない。それぞれの段丘面には箱根火山や富士山から飛んできた火山灰（関東ローム層）が厚く積もっている。小平付近では厚さは10ｍを超え、立川付近でも３ｍ程度に達する。火山灰層は風化すると粘土化し、水を通さない層になる。し

写真５　小平付近の深い玉川上水　上流を向いて撮影　右は南向きの崖、茶色は落葉の堆積

かし掘りすぎると下の礫層が露出し、そこから水が漏れてしまう。したがって火山灰層が薄い立川面地域では、火山灰層を突き抜けないよう細心の注意を払って掘削が行われており、そのために浅い水路になっているのである。

また玉川上水は立川断層を越える時、そのまま掘り進むと、３ｍほど高く隆起した立川礫層に切り込んでしまう。そこでそれを防ぐために、南側に迂回し、礫層に掘り込まないように注意して水路の深さを決めた。迂回しているのはそのためである。江戸時代の人がなかなか賢く、自然の成り立ちをよく理解していたことがわかる。

7

静岡県

伊豆半島・大瀬崎の奇怪なビャクシン林

巨木林を抱える長い礫州の成立は数千年前まで遡る？

みごとな礫洲

伊豆半島の北西の角に大瀬崎（おせざき）という岬がある（図1）。岬からは富士山がよく見え、風光明美なところである。近年、スキューバダイビングのメッカとして、注目を浴びており、ダイバーの姿をよく見かける。

ここには、伊豆半島の西側を北に向かって流れる、強い沿岸流の影響を受けて、長さ1km弱のみごとな砂州が発達している（写真1）。大瀬崎より南側の海岸線は達磨火山の山麓にあたっていて、未固結の粗大な火山堆積物が海食崖に露出している（写真2）。そこから大量の岩や砂礫が供給されて沿岸流に運ばれ、長い砂州ができたのである。もっとも、砂州

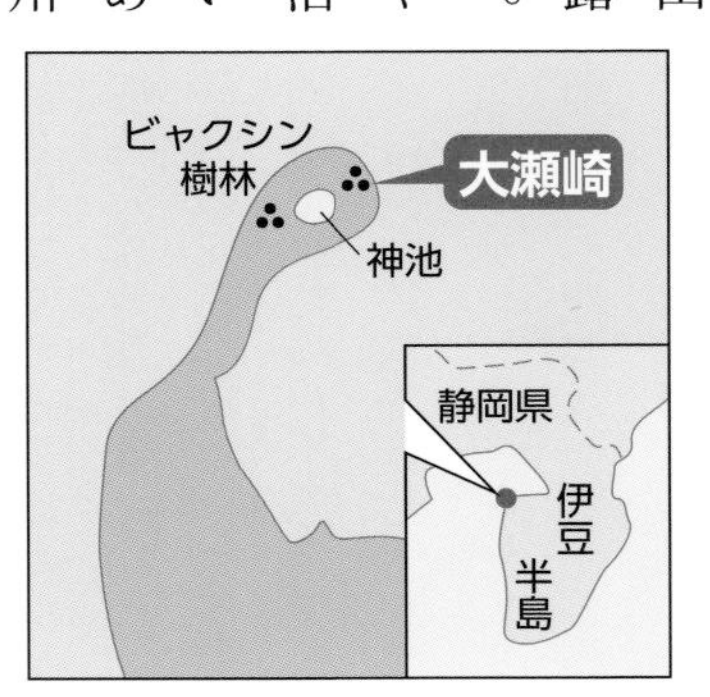

図1　大瀬崎

写真１　大瀬崎の砂州

といっても、実際は直径数十cmもある巨礫が堆積しているから、礫州と呼んだほうが正確だが。
大瀬崎では膨らんだ砂洲の先端部にできた神池が有名で、なぜ淡水の池ができたのか不思議なことから、伊豆の七不思議に数えられてきた。かつては砂州に沿って岬から水が流れ、神池を作ったと考えられていたが、現在は、神池は小さいながらも噴火口で、周囲の海水の上に、雨水が溜まって軽い淡水の層となり、池を作っているのだと考えられるようになった。

ビャクシンの巨木が林立

ただここの自然を代表するものといえば、やはり礫州の上にできたビャクシンの巨木林であろう。ここのビャクシンは樹齢数百年、中には千年を超えると推定される巨木（写真３）が130本近くあり、いずれも風に吹きさらされて幹が曲がったり、割れたりして変形し、奇怪な形をしている。迫力満点である。ビャクシンは海岸の岩場に生育

写真２　達磨火山（背後の山々）と海食崖（手前の崖）

しているのをときどき見ることがあるが、これだけ変形した巨木が集まった樹林はよそではまず見られない。国の天然記念物になっているのも当然といえよう。ただなぜここにこんな特殊な森林が成立したのかについてはまだ十分な説明がない。

礫州は7000年前の形成か

礫州は一番高いところでは6ｍ近くあり、また現在形成中の高さ１ｍくらいの低い礫州が海岸に沿うように延びているので、この高いほうの礫州は現成のものではなく、海面がもっと高かった時期に、沿岸流の作用で生まれたものだと考えられる（写真４）。私は、礫洲はその高さから6000〜7000年前の温暖な時期（縄文前期）にできた可能性が高いと推定している。その後、4000年前から3000年前にかけては、気候が寒冷化して海面が２ｍくらい下がり、礫洲の上部は以後、離水して海水をかぶらなくなったとみられる。

写真３　ビャクシンの巨木

礫州ができる前に岬だった海岸近くの岩場にも、ビャクシンの巨木が生えていることから考えると、礫州が海水の影響を受けなくなるにつれて、そこから礫洲に飛んだ種が発芽し、ごろごろした岩と岩の隙間からビャクシンが生えるようになったとみられる。

ビャクシンは痩せた環境にきわめて強い先駆植物で、他の植物が発芽できないような、岩がごろごろし塩気の残るようなひどい環境でも生育が可能であるらしい。このことは現在でも、礫の間から伸び始めているビャクシンの若木があることから裏づけられる。

現在、ビャクシンの林の中には、タブノキやクスノキが生育を始めており、土壌もできて植生の遷移が進みつつある。このまま経過すれば、ビャクシンの林はしだいに衰え、タブノキやクスノキが取って代わるということになりそうである。しかしもともと厳しい条件の場所であり、強い地震や猛烈な台風の時には高潮や津波も起こるから、塩水にさらされて遷移の逆行もあり得る。この林の先行きはまだまだ予断を許さない。

写真４　礫州の高まりを構成する巨礫

8

愛知県

渥美半島の上品な花をつけるシデコブシ

大人気のシデコブシが分布するメカニズムを解き明かす。

上品な花をつけるシデコブシ

シデコブシというのは、高さ3mくらいになるモクレンやコブシの仲間で、白やピンクの上品な花をつけるため、大変人気がある植物である。シデコブシのシデというのは、神社でよく見る和紙を折って作る飾りのことで、花びらが折れる様がシデに似ている（写真1・2）ので、命名されたという。

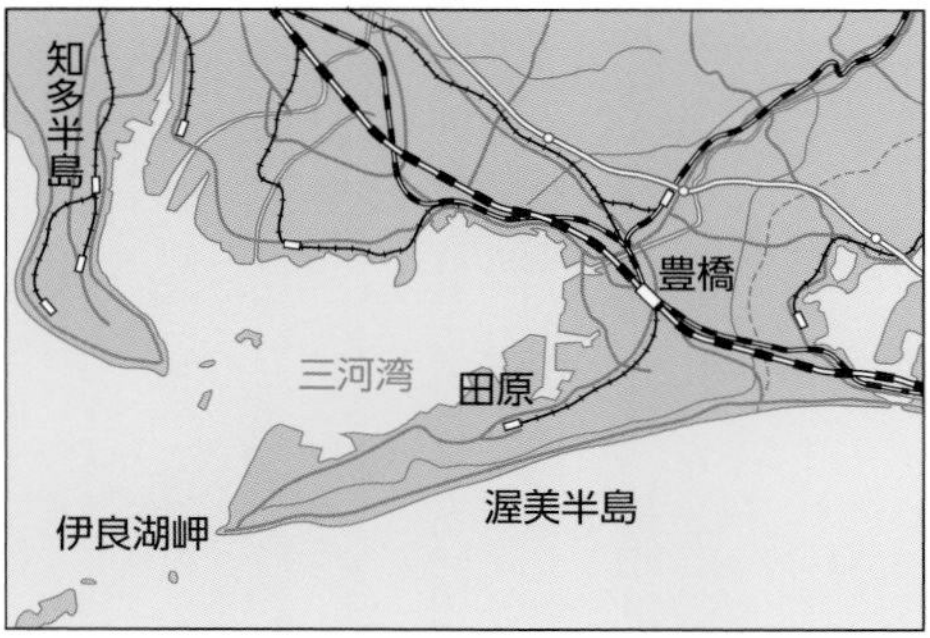

図1　渥美半島

東海丘陵要素

シデコブシは東海地方の丘陵地、とくに瀬戸地

写真１　シデコブシの花

写真２　満開のシデコブシ

方を中心とする三河高原や渥美半島に広く分布しており、ハナノキ、ヒトツバタゴ（写真３）、ミカワバイケイソウ、ミカワシオガマ、シラタマホシクサ（写真４）、トウカイコモウセンゴケ、ミミカキグサなども似たような分布を示す。そのため、まとめて「東海丘陵要素」あるいは「周伊勢湾要素」「東濃要素」などと名づけられてきた。全部で15種ほどが数えられているが、主に丘陵地から低地にかけて点在する冷涼な湿原や湧水地に分布することから、氷期の遺存種的な植物が多いと考えられてきた。

しかしその分布はなぜか東海地方に限られており、あとはせいぜい長野県の飯田辺りに飛び

写真３　ヒトツバタゴ

写真４　シラタマホシクサ

地があるに過ぎない。なぜ東海地方に限定されるのか、納得のいく説明はまだない。

土岐砂礫層

解明の一つの手掛かりは、シデコブシやハナノキの分布の中心地は、愛知県と岐阜県の東部にあって、そこでは土岐砂礫層という山砂利の層と、その下にある瀬戸層群という粘土層がセットで堆積していることにある。つまり瀬戸物の原料になるような陶土層（粘土層）の上に、突然、砂利の層が載っているのである。そして土岐砂礫層が侵食されやすいのに、陶土層は水を浸透させず、侵食もされにくいので、土岐砂礫層が削られてできた谷間には湧水が生じやすく、湿地ができやすい。そこに東海丘陵要素の植物群が生育するという理屈である。

実は粘土層の上に砂利層が載るというのは、そう簡単には起こらない。私はこういう珍しい事件が東濃地域で起こったために、東海丘陵要素の植物群が生じたと考えているが、では粘土の上に急に砂利が載るという事件がどのようにして起こったのだろうか。

私は当初、この事件が第四紀半ばの100万年くらい前に、伊豆半島の本州への衝突の余波を受けて、中央アルプスや飛騨高原が隆起したために起こったと考えた。これなら隆起に伴って急激に侵食が起こるため、粘土層から砂利層への転換が起こることが可能である。

しかし近年の地質学の研究により、土岐砂礫層の堆積は数百万年も前に遡ることが明らかになり、中央アルプスの隆起との時間的なずれが大きくなって、仮説そのものが吹っ飛んでしまった。結局、土岐砂礫層の堆積が数百万年前になぜ起こったのかを明らかにしない限り、説明はできないが、未だによい説明はない。

渥美半島のシデコブシ

こうして東濃地域にシデコブシが分布する原因については、結局、うまく説明できないままに終わってしまったが、これとは違った原因で生育するシデコブシが渥美半島に分布するので、次にこれについて紹介する。

渥美半島は愛知県の豊橋付近から伊良湖岬に向けて、三河湾の南側をほぼ東西に延びる半島である（図1）。東部の豊橋から田原付近にかけては、浅海性の堆積物からなる高位段丘（天伯原（てんぱくはら）台地）が広がり、半島の西部は秩父帯からなる標高150〜300mの山地の間を埋めるように、中位段丘が広がる。なお渥美半島には土岐砂礫層は分布していない。

シデコブシは、渥美半島各地に点々と分布しているが、私が調査したところでは、分布地は大きく二つのタイプに分かれそうである。多くは基盤山地の山麓にできた緩斜面上、あるいは浅い谷間に生じたもので、もう一つは天伯原台地の表面に近いところにできたものである。

前者にあたるのは、葦毛（いもう）湿原や藤七原（とうしちばら）湿地、椛（なぐさ）、伊川津（いかわづ）のシデコブシの分布地である。地質は

写真５　シデコブシの生育する傾斜地に転がるチャートの巨礫　藤七原湿地

層状チャートという縞状になった堆積岩で、硬くよく締まっているので、ほとんど水が浸み込むことがない。そのため常に地表面を水流がひたひたと流れているのが特徴的である。また泥炭は堆積していないが、表面には黒色の軟泥が載り、そこにモウセンゴケやヌマガヤなどの湿原の植物が生育している。ただ湿原にはしだいにイヌツゲやアカマツなどの樹木が侵入し、湿原はだんだん低木林や藪になりつつある。このため、藤七原湿地のように、アカマツなどを伐採してシデコブシ群落を維持しようとしているところが多い。

では過去において、シデコブシの低木林はどのようにして維持されてきたのだろうか。

シデコブシの分布地ではいずれの場所でも、斜面上に直径数十cmから１ｍくらいの大きな岩が転がっているのが見られる（写真５）。このことから私は、300年に１回くらい起こる豪雨の際、斜面上で激しい水流が発生し、硬いチャートの岩盤に根をよく張っていないアカマツやイヌツゲなどの低木を、一気に押し流してしまったのだと推定している。斜面上に載っている岩塊も同じ時期に運ばれたのであろう。豪雨による更新のメカニズムを模式的に表したのが図2である。

次は黒河湿地の事例を紹介する。ここでは、台地の表面に近いところにできた湿地がシデコブシの生育地になっている。

ここは浅海性の砂や泥の互層からなる台地の、たまたま表面に近いところにあった泥層（粘土層）が水の浸透を妨げて湿地を作ったもので、湿地にはシデコブシの他にイグサが生育している。上に載っていた砂層は、侵食で取り去られたか、豪雨の時に地すべりを起こして除去されてしまったのだろう（図3）。

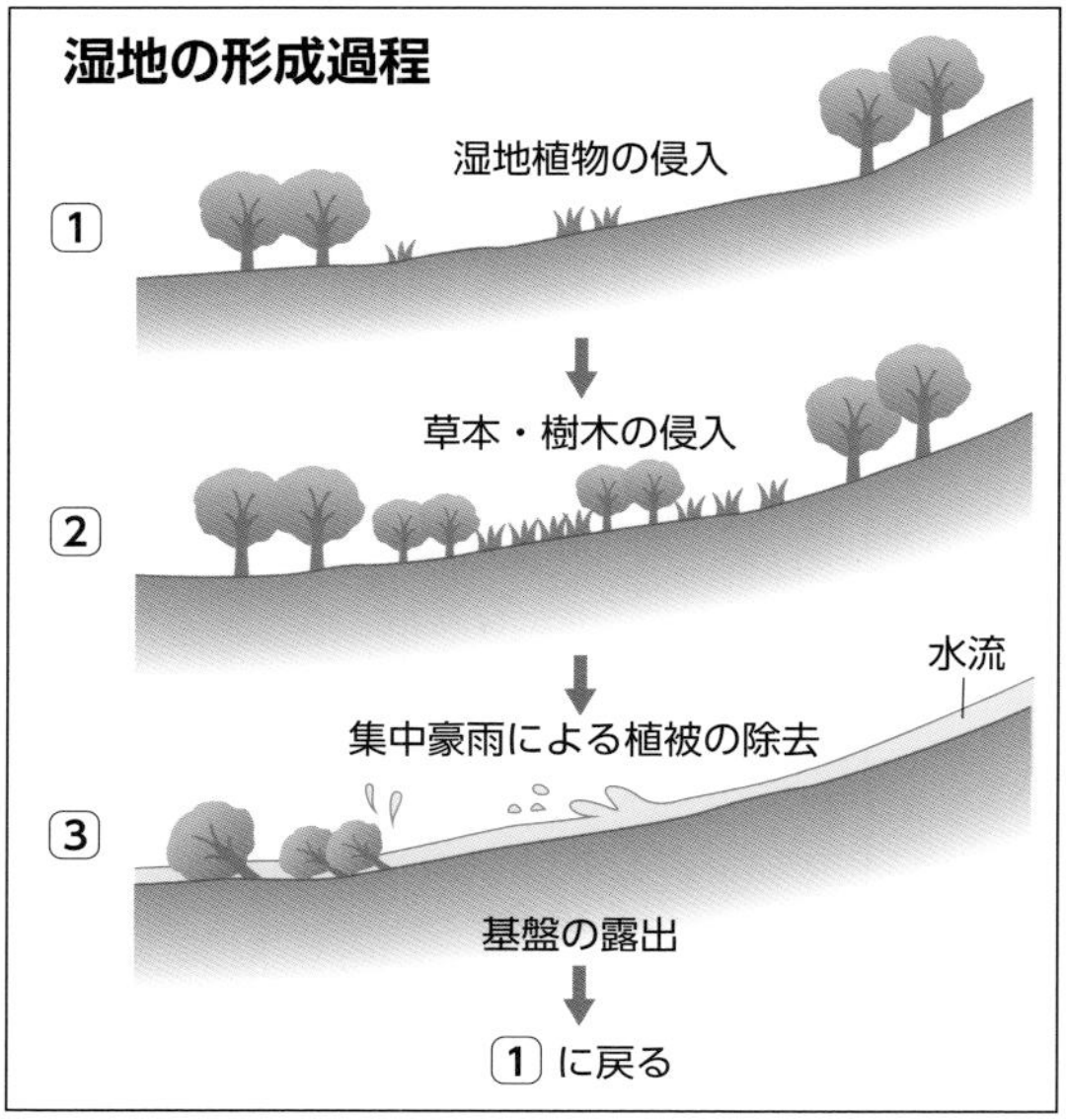

湿地の形成過程

1 湿地植物の侵入

2 草本・樹木の侵入

3 集中豪雨による植被の除去　水流

基盤の露出

1 に戻る

図2　傾斜地での湿地植物の侵入から除去までの一連の過程
豪雨の際、一気に除去される

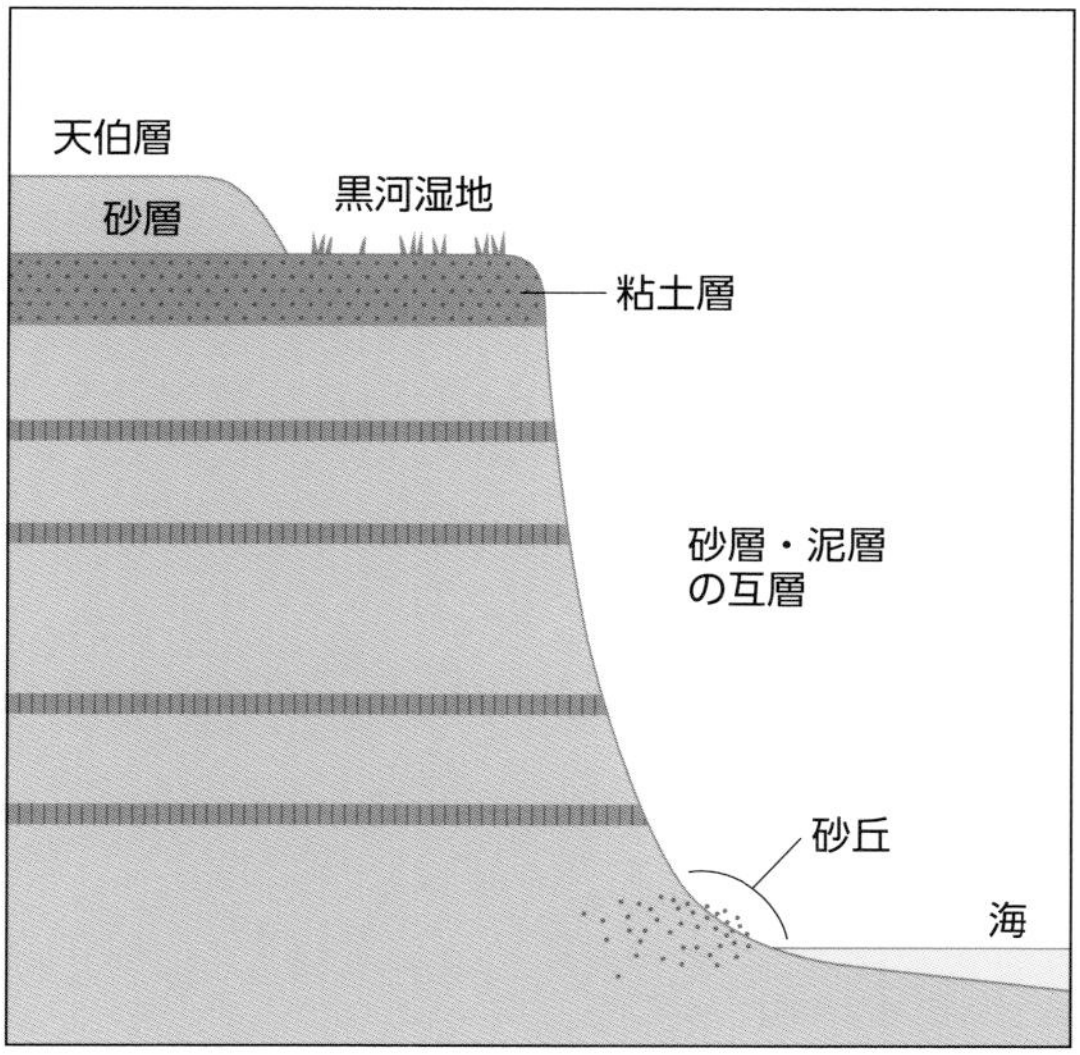

天伯層　砂層　黒河湿地　粘土層　砂層・泥層の互層　砂丘　海

図3　黒河湿地におけるシデコブシの立地

9

奈良県

古都飛鳥の地形と葛城山のブナ林

古都を囲む山々の成り立ちとみごとなブナ林に思いを馳せる。

奈良盆地

奈良は山に囲まれた小さな盆地である。しかし至るところに日本のふるさとというべき場所が残っていて、見る場所には事欠かない。中でも高松塚古墳や石舞台古墳などのある明日香(あすか)村は、奈良盆地の最南端の丘陵地帯にあり、日本史はこういう落ち着いたところから始まったのかと思うと、感慨深いものがある。

ここ数年、私は地理や歴史の好きな人たちと一緒に、毎年のように奈良を訪ねてきたが、地形に注意しながら歩くことによって、以前よりもいろいろなことが見えるようになってきた。

たとえば2020年には「甘樫丘(あまかしのおか)」に登っ

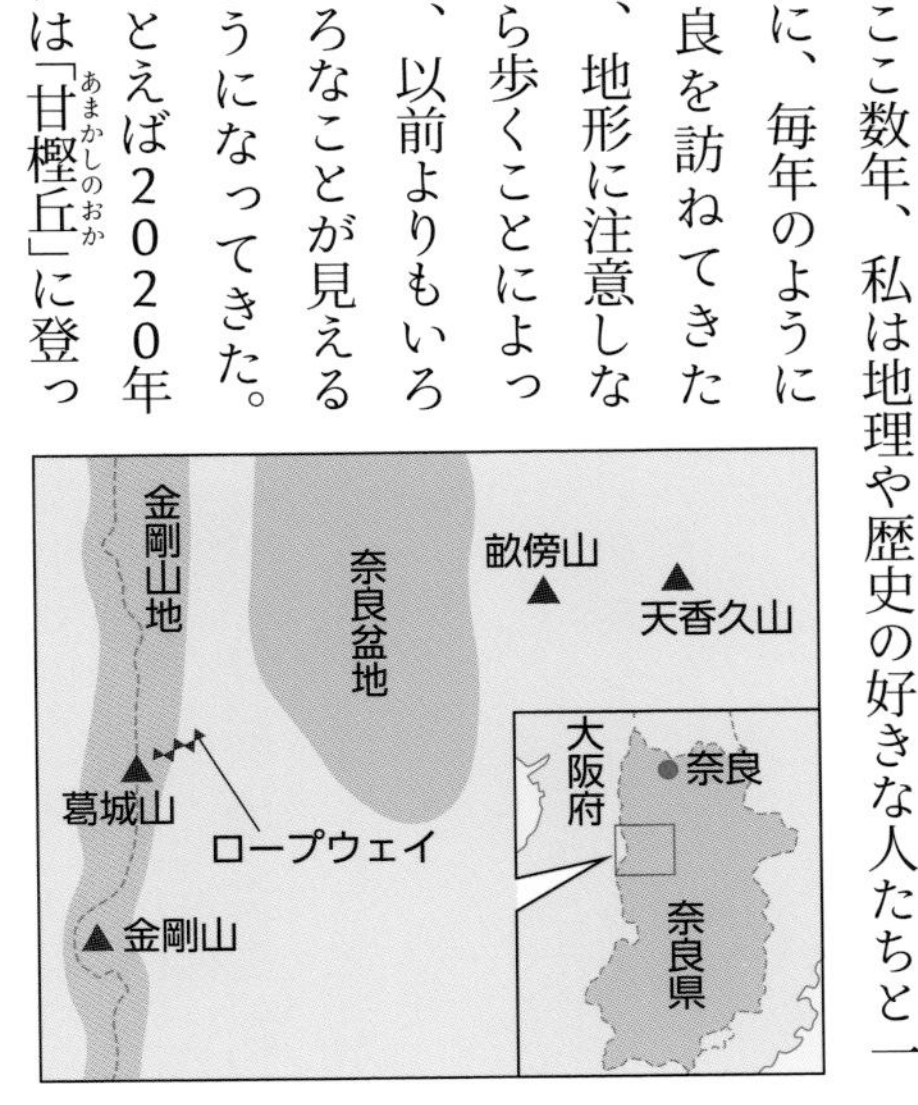

図1　葛城山

写真１　飛鳥寺から見た甘樫丘（奥の樹林に覆われたところ）
中央の石燈は蘇我入鹿の首塚　首塚の先が飛鳥京のあったところ

た（写真１）。ここは比高50ｍくらいの低い丘であるが、展望のよいことで知られ、7世紀の前期には、時の最高権力者であった蘇我蝦夷（えみし）、入鹿（いるか）の親子がこの丘の中腹に大邸宅を構えていたことが知られている。

ところが丘に上がってみてびっくり。すぐ下に飛鳥寺が見えるではないか。そこで地形を見ると、甘樫丘は麓を流れる飛鳥川が削り残した段丘で、飛鳥川の対岸にもその続きの丘があることがわかる。川沿いには幅500ｍくらいの、低い段丘からなる低地が広がっていて、実はこの低地がかつて飛鳥京のあった場所である（写真１）。あまりの狭さに絶句してしまうほどだが、防衛や水害の恐れを考慮したりすると、この狭い場所が都を置くのにちょうどいいと思われたのだろう。

蘇我入鹿が暗殺されたのは、飛鳥寺から700ｍほど南にあった板蓋宮（いたぶきのみや）だったと推定されており、入鹿の首を埋めたという首塚は飛鳥寺の近くにあるから、大化改新に伴ういろいろな事件は、この一角で起こったことになる。初めて入鹿の首塚を見

写真２　畝傍山　麓に橿原神宮がある

た時には、首塚がなぜこんなところにあるのかと不思議に思ったが、まさに地元で起こった事件だったわけである。

大和三山

飛鳥京の２kmほど北には藤原京の跡地があり、それに近接して天香久山（香久山ともいう）がある。また藤原京の北２kmほどには耳成山があり、西南西２kmには畝傍山（写真２）があって、三つ合わせて大和三山と呼ばれている。比高はそれぞれ80m、80m、130m程度とそれほど高くないが、いずれも森に覆われ、数多い古墳よりも一段高いため、古くから信仰の山として尊ばれてきた。三山の配置は三角形を作っているために、近年、その配置と太陽との間に天文学的な意味を認めたりする研究が増えているようである。

ところで、山を構成する地質は、耳成山と畝傍山が流紋岩、天香久山が斑糲岩からなる。いずれも火成岩なので、古い火山と誤解されることがある。しかし流紋岩は、１５００万年くらい前に噴出した溶岩または火砕流が、硬いために侵食から免れて残ったものである。斑糲岩も同じ頃に地下深くで固まったもので、その後、花崗岩が貫入してきたために持ち上げられて地表に顔を出し、やはり硬いために侵食から免れて残ることになった。

生駒山地と金剛山地

大阪と奈良の間には生駒山地と金剛山地という、小さいが、険しい山地がそびえている。いずれも東西から押されたために、楔（くさび）が押し出されるように盛り上がった山地で、典型的な断層山地（地塁）である。二つの山地は信貴山（しぎさん）と二上山の間を流れる大和川の谷で切られ、二つに分かれたが、かつてはつながっていたはずである。

金剛山地は南側にある山地で、最高峰の金剛山は標高１１２５ｍと、思わぬ高さを持っている。晴れた朝、明日香村辺りから金剛山や葛城山（かつらぎ）を見上げると、すっきりして高山のたたずまいを感じる。

役行者

今回、私たちは奈良盆地の南部を一望できる葛城山（959ｍ、図１）に登ってみることにした。この山は飛鳥時代に役行者（えんのぎょうしゃ）が修験道を始めた山として知られ、『日本霊異記（りょうい）』には彼の事跡がいくつも紹介されている。また古事記には、雄略天皇が行列を組んでこの山に登ろうとしたら、それと張りあって隣の尾根を登る集団がいるので、名前を聞いたら、「一言主大神（ひとことぬしのおおかみ）」という、葛城山に住む神だった、などという話が出てくる。

葛城山に登るのは昔なら大変だっただろうが、今は比較的簡単である。海抜300ｍまで車で行き、その上は850ｍくらいまでロープウェイで登ることができる。残りは100ｍほどであるから、気が楽である。

断層崖に架かっているだけあって、ロープウェ

写真３　ロープウェイから見た奈良盆地南部

イは驚くほど急傾斜だが、上がるにつれて奈良盆地の展望がどんどん広がり、畝傍山や天香久山など有名な山が眼下に見えてくる（写真３）。また右側の奥は明日香村で、古墳らしい高まりがたくさんある。素晴らしい風景で、これなら奈良時代の人もこの山に好んで登山をしていたに違いない。

みごとなブナ林

ところで、ロープウェイを降りてすぐ、私たちはみごとなブナの林に出会った（写真４）。直径50〜60㎝、高さは20ｍもありそうな大木が並ぶ。ただブナは太い木ばかりで、細い木は見られない。細い木がないというのは跡継ぎが育っていないということを示しており、このまま時間が経過して、今ある太いブナが老齢化や台風による倒木の被害などで枯れてしまえば、ここのブナは滅びてしまうことを意味している。

小氷期に発芽したブナ林

実は太平洋側の山地にあるブナ林は、箱根山や天城山のような、冬に雪がたくさん降る山を除いて、ほとんどが冷涼な気候だった戦国時代から江戸時代頃に発芽し、生育したものである。この時期を小氷期と呼んでおり、ヨーロッパではアルプスで氷河が前進したり、テムズ川が冬に凍りついたりしたことが知られている。時期としては15世紀から19世紀半ばまでにあたる。日本でも当時は太平洋側の山地でも、ある程度雪が降り、ブナの発芽と生育が可能になったようである。東京の高尾山辺りでもこの時期にブナが発芽し、やはり大木になっている。

写真４　ブナの大木

温暖化した現在では、どこでも跡継ぎのブナが育たなくなってしまう傾向があり、葛城山や金剛山のブナ林も数十年のうちにはなくなってしまう恐れがある。太平洋側の山地のブナ林は意外に珍しい。大事にしていただきたいと思う。

広島県

10

比婆山のみごとなブナ林と岩塊

イザナミはなぜこの山に葬られたのか？　空想が膨らむ不思議な山。

イザナミが葬られた山

比婆山（1299m）は中国山地の半ばにあり、脊梁山地の一部を構成する山である。位置的には広島県の北東の隅に近いところにあたり（図1）、道後山や帝釈峡とともに「比婆道後帝釈国定公園」を構成する。また日本の島々を生んだという地母神イザナミが死後、葬られた山とされていて、『古事記』にも唐突にその記事が出てくる。しかし葬ったのがなぜ比婆山なのかは一言も書かれていないので、私はもしかしたら、国生みの神話は出雲で生まれたのではないかと空想してしまった。

ひろしま県民の森から出発。比婆山はいくつかのピークからなるが、私たちは

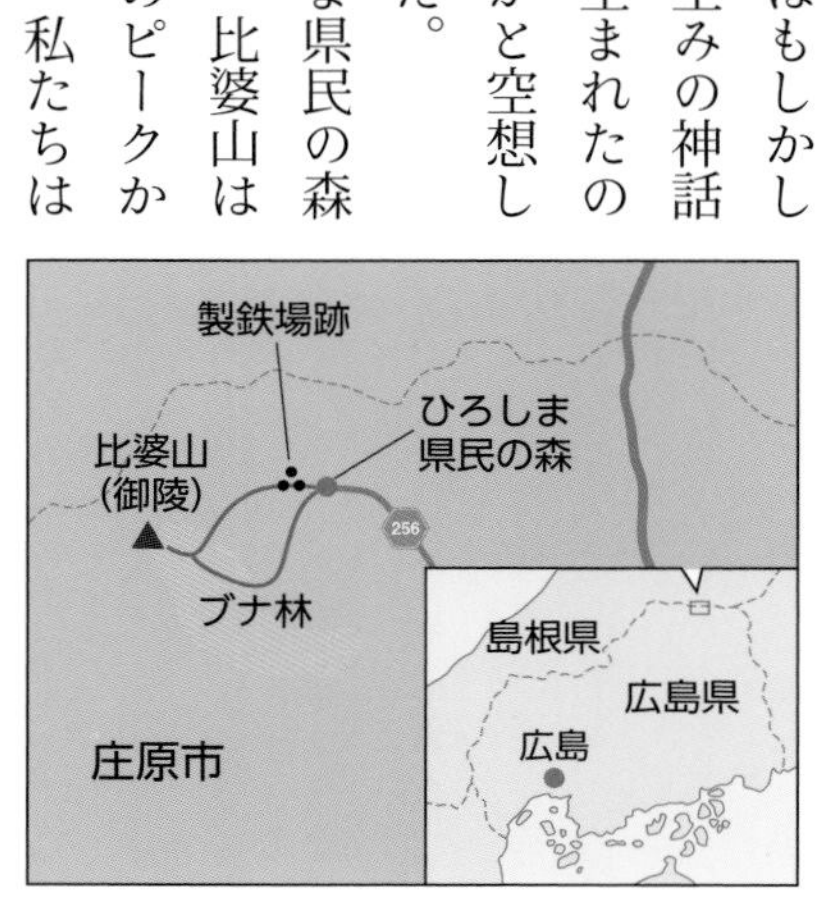

図1　比婆山

写真１　みごとなブナ林

直接、イザナミが葬られたとされる御陵（通常はここを比婆山の山頂とみなしている）を目指し、その後、稜線を回って六の原川の川沿いを戻るというコースを選んだ。

出発するとすぐにたたら製鉄の遺跡に出会う。山から採掘した砂を水流で流し、重い砂鉄だけを残す仕組みである。出雲や石見だけでなく、こちら側でも製鉄が行われていたことがよくわかる。

ブナ林と日本海要素の植物が生育

比婆山の前山にあたる山をどんどん登っていくと、ブナ林が現れ、登るにつれて太く立派なブナが増えてきた（写真１）。ここは西日本屈指の広大なブナ林で、１９５２年に国の天然記念物に指定されている。１９５２年といえば、全国的にブナ林の伐採が進みつつあった時期だが、この時期に国の天然記念物に指定したというのは、先見の明があったとしか思えない。

ブナの低木や小径木も多く、太平洋側の山地で

写真２　岩塊

写真３　イザナミの命を埋葬したとされる御陵の巨石

危惧されているような、跡継ぎがないという心配はなさそうである。さらに登ると、最初はなかったチシマザサらしいササが現れ、クロモジやハウチワカエデ、エゾユズリハなどが見られるようになってきた。同じ山なのに低いほうには太平洋要素の植物が多く、山頂に近い標高の高い部分は、積雪量が増えるせいか、日本海要素の植物が増えてくるように見える。これまでの研究では、この山では太平洋要素と日本海要素が共存しているとされてきたが、標高と積雪深によって住み分けをしているようである。また資料には、御陵付近にはマイヅルソウやユキザサのような亜高山性の植物も見られるとあるが、残念ながら見つけることはできなかった。

岩塊斜面に現れる巨石

この山のもう一つの特色は、山頂に近い斜面のところどころに現れる岩塊である（写真

２）。直径１ｍから３ｍくらいもあり、角ばっているので、氷期に凍結破砕作用によって割れた岩塊だと思われる。またてっぺんにある御陵そのものとされている巨石は、直径５ｍくらいもあり、平らに割れている（写真３）。もしかしたら、この大きな岩があったからここを御陵に選んだのかもしれない。

この岩を取り囲むようにイチイの大木が同心円状に分布している（写真４）。イチイが生育しているところにはほぼ岩塊があり、樹齢がばらばらなので、自然分布に見えなくもないが、植えた可能性もありそうである。

写真４　イチイの大木

平坦な山頂部

比婆山のもう一つの特色は、山頂部に平坦な地形が広がっていることである（写真４）。地形学では隆起準平原とされ、道後山面と呼ばれている。新しい地質時代に急激に隆起したために、山麓から進んできた侵食が中腹までしか達せず、このため、山頂部には古い平坦な地形面が残ったのだと考えられている。

中国山地では、北に偏った脊梁部から瀬戸内海に近いところまで、３、４段の平坦面が数えられている。一番低い面は広島空港のある世羅台地と呼ばれている面だが、どのようにして平坦面ができ、それが階段状になるのか、いっこうにわからない。こんなことを調べようとする地形学者もこのところ皆無のようだ。宇宙の謎や生命の謎はだんだん解き明かされてきたが、この手の謎の解明はもっと難しいのかもしれない。

第6章

遺跡・湧水など

1

青森県

八戸・是川縄文館を訪ねる

数々の素晴らしい展示物を見ることができる遺跡博物館。

人気の考古遺跡

考古学ブームのせいか、各地の遺跡が人気である。かつては登呂遺跡や板付遺跡、加曽利貝塚などが有名だったが、近年は青森県の三内丸山遺跡と佐賀県の吉野ヶ里遺跡が東西の代表のような存在となり、間に奈良県の纒向(まきむく)遺跡が割って入りそうな気配である。

図1　是川縄文館

予想を上回る是川縄文館

ところが、それほど有名ではないにもかかわらず、遺物や展示物にとんでもないものがあってびっくりさせられることがある。今回紹介する八

写真１　土層の剥ぎ取り断面の壁面展示　是川縄文館提供

写真２　国宝「合掌土偶」　是川縄文館提供

戸市の是川縄文館（八戸市埋蔵文化財センター）はその代表的な遺跡博物館である。ここには予想を上回る素晴らしい展示物がそろっている。

是川縄文館は、もともとは八戸の南の台地を刻んで流れる小河川・新井田川の沖積地の縁にあった是川遺跡が母体になっている（図1）。ちょうど河岸に住居を構えた縄文人が低地にゴミを投げ捨て続け、そこが軟弱地盤だったことが幸いして３〜４ｍも堆積した。それが後年、発掘されることになり、その中に貴重な遺物がたくさん含まれていたのである。博物館の入口を入るとすぐ、発掘した当時の地層の剥ぎ取り断面を見ることができる（写真1）。

国宝・合掌土偶

展示物の中で一番有名なのは、合掌土偶と呼ばれる、手を合わせ祈る姿の珍しい土偶（写真2）であろう。近くの風張遺跡から出土し、国宝に指定されている。また同じように右手を伸ばして左

写真３　国重要文化財 風張１遺跡の土偶「頬杖土偶」　是川縄文館提供

の頬を触っている土偶があり、こちらは国の重要文化財になっている（写真３）。遮光器土偶という、大きく開いた丸い目の真ん中に横線が入ったものもある。このタイプでは亀ヶ岡遺跡から出たものが国宝になっているが、八戸でも同じタイプの土偶がたくさん出ている。いずれもびっくりするようなデザインである。

漆塗りの飾り太刀

赤や黒の漆を塗ったみごとな木製品もある。またオレンジ色の漆を塗った豪華な飾り太刀も出土している（写真４）。私はこれを一見して平安時代くらいのものかと思ったが、これも３０００年も前のものだそうである。この刀は鉄製品ではなく、木で作られており、それに漆を塗ってあるので、太刀ではなく、儀杖（ぎじょう）らしい。それなら古いのも理解できる。

漆器の製作は東アジアから南アジアにかけて広く行われており、日本の漆器製作技術もかつては中国から伝わったと考えられてきた。しかし北海道の垣ノ島遺跡から9000年前の漆器が出土し、これは世界最古の年代であることから、現在では漆器の製作は日本でも独自に始まったのだと考えられるようになってきた。また福井県の鳥浜貝塚からも古い漆器が出土しているので、漆器製作が古くからあったことは間違いなさそうである。素朴な土偶を見ていると、「古拙」という表現がぴったりに思われるが、一方で、縄文人が赤や黒、オレンジなどの漆製品を身に着け、オシャレをしていたことを想像すると、なんとなくほほえましくなってくる。

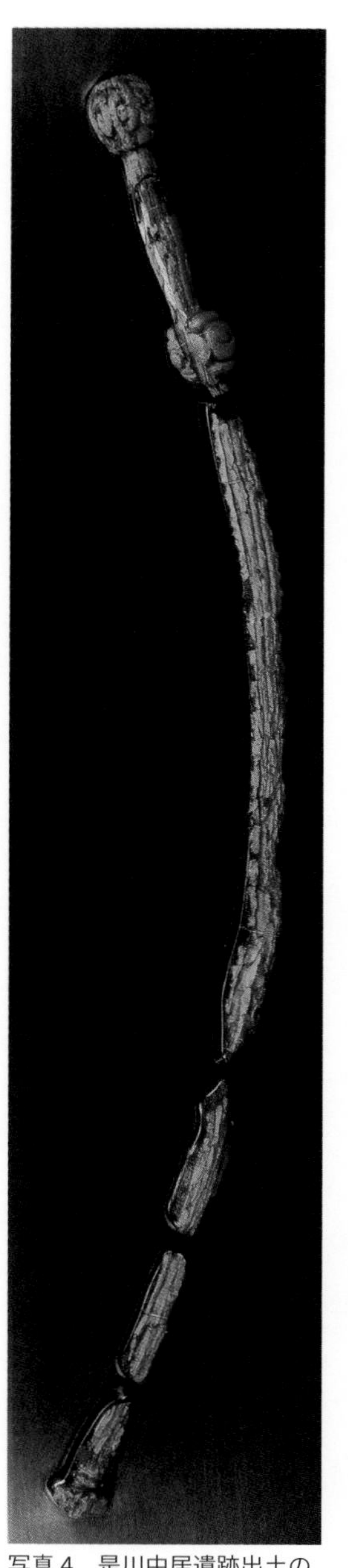
写真4　是川中居遺跡出土の国重要文化財「飾り太刀」
是川縄文館提供

過去には輝いていた時代があった

八戸地方は現在では寒いというイメージが強いが、遺跡が作られた縄文時代の前半は、現在より暖かい時期だったし、漆をふんだんに使っていることからみても、当時の人たちはかなり恵まれた生活を送っていたことが想像できる。ここにもきらきらと輝いていた時代があった。展示を見て当時の人たちの余裕のある生活ぶりを想像していただきたい。

なお2021年、北海道・東北地方の縄文遺跡群はまとめて世界遺産に指定された。見るべき遺跡はたくさんある。ぜひ時間をとって見学を。

2

石川県

能登半島 美しい白米千枚田に隠れた痕跡

美しい棚田に残る地すべりや崩壊の跡を見つけてみる。

輪島市の東の海岸にある千枚田

能登半島は日本海に突き出した大きな半島で、人指し指をちょっと曲げたような形をしている。能登空港から北上し、日本海に出たところに、輪島塗で有名な中心都市・輪島市がある。そこから東に10㎞ほど進むと、海岸沿いに棚田で有名な白米千枚田がある（図1）。

1980年代半ばに私がここを初めて訪ねた時は、休耕田が3分の1くらいを占め、かなり荒れた感じがしたが、その後、棚田の価値が見直され、「棚田百選」や「世界農業遺産」に選ばれてからは、一大観光地となってたくさんの人が集まるようになった。何はともあれ、うれしいことである。

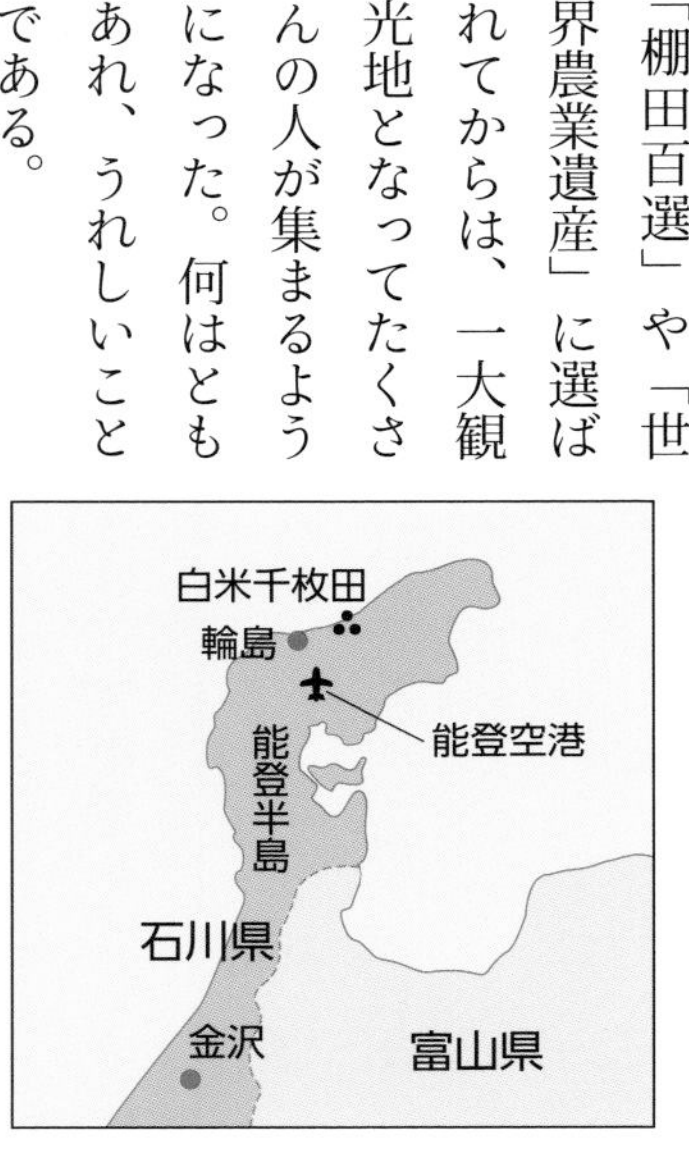

図1　白米千枚田

写真１　白米千枚田

千枚を超す美しい棚田

まずは白米千枚田の風景をご覧いただこう。今回、私たちが訪れた時はたまたま田植えの時期にあたっていたため、多数の棚田に水面が見え、並行して走る棚田の曲線の作る景色は実に美しかった（写真1）。赤いたすきをつけた早乙女の姿も見えた。ただ展望台からの写真には全体の3分の1くらいが写っているだけで、全景ははるかに広い。

ここの棚田は石垣ではなく、草に覆われた土手が段の部分を構成しているのが特色で、これを土坡の棚田と呼んでいる。このタイプは新潟県や長野県の新第三紀層地域や、三重県、和歌山県、四国の四万十層地域に分布することが知られており、地すべりや崩壊が起こった斜面をうまく利用して棚田を作ったところが多い。これに対し、佐賀県や長崎県、大分県などの火山地域では礫がたくさんあるため、もっぱら石垣で棚田を作っている。東日本でも火山地域には石垣の棚田が多い。

写真２　垂水（たるみ）の滝（上）と男女滝（なめ）（下）　垂水の滝は硬い流紋岩地にかかっており、溶岩の層が見える　男女滝は凝灰角礫岩地にかかっている

写真３　円形に並んだ棚田

能登半島の地質を見ると、主として新第三紀の泥岩や緑色凝灰岩（グリーンタフ）、あるいは凝灰角礫岩が基盤を構成している。海岸を車で走ると、その変化を実感することができるが、いずれも地球史的には新しい岩石ばかりで、地すべりや崩壊を起こしやすい。例外は流紋岩地域で、硬いためか、切り立った突出部を作り、そこから滝が落ちていたりすることがある（写真２）。

美しい景色だけでなく

実は現場で皆さんに見ていただきたいのは、千枚田の全景だけではなく、棚田の中に生じた地すべりや崩壊の跡である。なだらかな斜面に等高線に沿って細長い水田が延びているが、よく見ると、ところどころ、並行して走るパターンが乱れ、すり鉢を半分に切ったような窪みが生じて、その内部に丸い形の棚田ができている（写真３）。また展望台から離れたところにもいくつか浅い窪みがあり、その内部にはやや傾斜の大きい棚田が見られ

写真４　中央の茶色の部分が急傾斜になっている　崩れを修復した部分にあたる

る（写真４）。

おそらく過去には、２００４年に新潟県の山古志村（現在は長岡市に合併）で発生した、新潟県中越地震のような大きい地震や、ひどい豪雨が起こり、一部が崩れ落ちて窪みができたのであろう。中越地震の直後、私も調査のため、山古志村の現場を訪れたが、錦鯉の養殖を行っていた広い棚田や、写真集になるような美しい風景を誇っていた棚田が、至るところで崩れ落ちてしまっているのに、胸がつぶれる思いがした。

白米千枚田も当然のことながら、修復には大変な労力と費用が必要だっただろうが、それをなんとか乗り越えて現在に至ったのである。美しさだけでなく、その辺りにもぜひ注意を払っていただきたいと思う。

能登半島の米のとれ高

江戸時代には能登半島は能登の国で、全体が加賀百万石の領地の一部だったが、能登半島では当

写真５　上大沢集落の間垣

時、そのうちどのくらいの米を生産していたのだろうか。このことが気になったので調べてみたら、およそ27万石という数字が出てきた。予想より大きい数字である。平野部が少ない能登半島のどこでそんなに米がとれたのか不思議な感じがするが、あちこちにある谷津田や棚田での生産を合算すると、これだけの量になるのだろう。よくがんばっていたというべきか。

その他の見どころ

能登半島には他にもいろいろ見どころがある。輪島の朝市、上大沢集落の「間垣」と呼ばれる、竹で作った防風垣（写真5）、旧・角海（かどみ）家住宅、海辺の景勝地・能登金剛、鴨ヶ浦海岸などなど。先に紹介した流紋岩には「せっぷんとんねる」という、映画のロケ地もある。猿山岬にはすでに紹介したオオミスミソウの群落がある。ゆっくり時間をとって見学されるようお勧めしたい。

3

福井県

湧水に恵まれた越前大野

絶滅危惧種の淡水魚が生息する池もある城下町。
湧水のしくみは独特。

豊かな湧水

地下から突然、水が湧き出すところを湧水あるいは湧き水と呼んでいる。湧水は通常、水がきれいで、滝や渓流のような美しい景観を伴うところが多い。このため近年、観光面でも人気が高まっていて、日本の名水百選や平成の名水百選といったようなものも選定されている。湧水は全国的に分布するが、とくに多いのは富士山や阿蘇山などの火山の山麓と、大きい扇状地の末端に生じたものである。後者としては黒部川扇状地、安曇野、秋田県美郷（みさと）町の六郷湧水群などが有名である。

ここで紹介する福井県の大野市もやはり湧水で知られるが（写真1）、地下水の

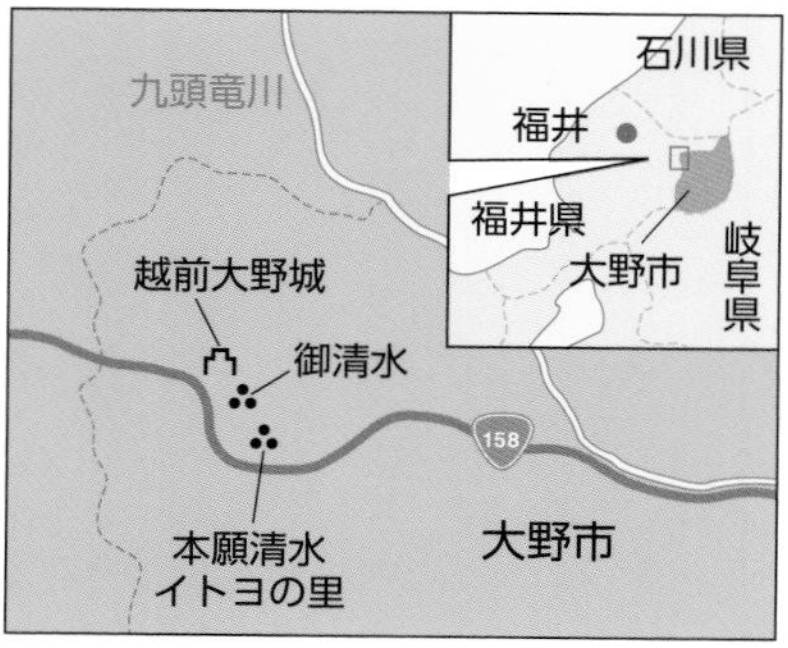

図1　越前大野

でき方は他所とかなり異なっている。大野市は東にある両白山地に源を持つ九頭竜川の中流域に位置し、周囲は、東西、南北それぞれが9kmほどの大野盆地になっている（図1）。盆地の北端には恐竜化石が発掘されることで有名な勝山市がある。

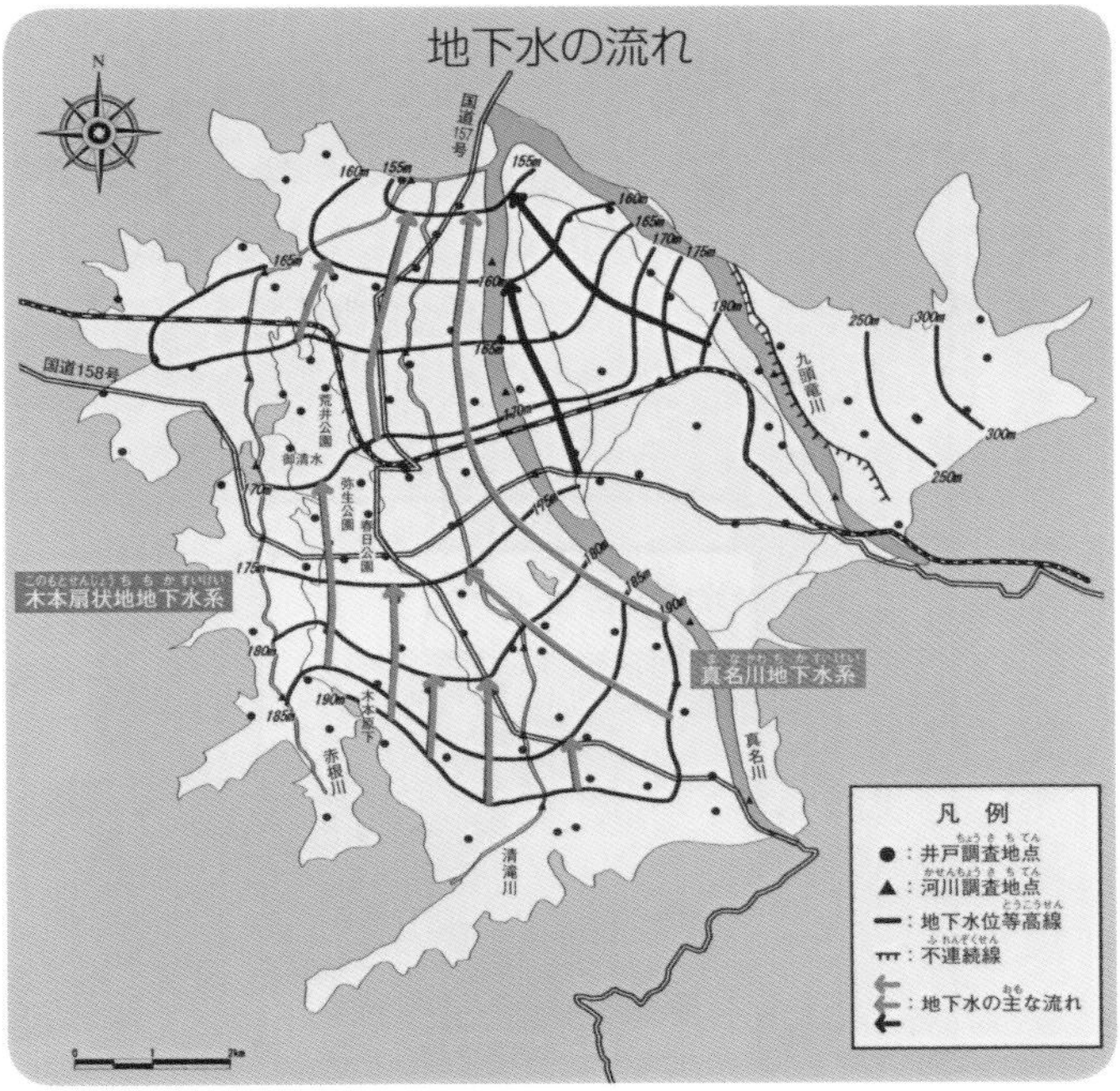

図２　大野市の地形と地下水の流れ
大野市『「結の故郷 越前おおの」の地下水』パンフレットより

厚い帯水層

大野盆地には砂礫層が30mくらいの厚さで堆積していて、その下には粘土混じりの砂礫が70m以上も溜まっている。この層が水を透さないため、上部の砂礫層に膨大な地下水が蓄えられることになったのだという。水と礫を供給した川は、大野盆地を南から北に向かって流れる真名川と清滝川

写真１　御清水の湧出口

で、いずれも南にある能郷白山（のうごうはくさん）や屏風山に発し、緩やかに傾く扇状地を形成している（図2）。

盆地の東側を流れる九頭竜川は、この盆地最大の河川だが、不思議なことに礫や水の供給には関わっていない。これは真名川との間に山から崩れてきた岩屑雪崩の土砂が堆積し、九頭竜川との間に高まりを作ってしまったためと説明されている。しかし実際のところは、九頭竜川の水の勢いが強く、勝山市との間を掘り込んで流れていることに原因があるようにも見える。

なぜ盆地ができたのか

なぜここに盆地ができたのかといわれると、説明はけっこう難しい。大野盆地は福井平野から20km程度しか離れていないのに、海抜170mから230mという高所にあり、盆地の末端部は山に遮られている。盆地のできた理由は地質図や現地の地形から考えると、次のようになる。大野盆地の西を限る山の裾に断層ができ、西の山が隆起した。そのため土砂の運搬が遮られ、そこに土砂が溜まって扇状地ができた。このような扇状地のでき方は珍しく、ここ以外では神奈川県の秦野（はだの）盆地をあげることができる程度に過ぎない。

イトヨの里

現在、市内では全世帯の8割ほどが井戸水を利用しているという。大変な比率であり、これほど水に恵まれた町は、全国的に見ても稀であろう。湧水のある場所は清水（しょうず）と呼ばれ（写真1・2）、中には絶滅危惧種の淡水魚イトヨが生息している池もある。イトヨはトゲウオの仲間で、北半球の亜寒帯に点在分布している。サケと同じように、川で生まれた稚魚が海へ下って成長し、産卵前に川に戻ってくるというのが本来の性格で、新潟県や秋田県では、かつては春先に戻ってきたイトヨが水路に溢れるほど生息し、捕獲されて食用になっていたという。今でもわずかだが捕られ、流通している。一方、海まで降りず、淡水域で繁殖する

写真２　いとよ生息地・本願清水の池　平成の名水百選の一つ

個体群もあり、北海道、青森、岩手、福島、栃木、福井の各県で知られている。ここ大野市のイトヨは、陸封型イトヨの分布南限にあたり、本願清水のイトヨは１９３４（昭和９）年、国の天然記念物に指定された。２００５（平成17）年には大野市の「市の魚」に選ばれている。イトヨは漢字では「糸魚」と書き、糸魚川の名前の元になったとされている。

城下町・越前大野

越前大野は江戸時代には城下町（写真３）であり、開明的な藩風は幕末に多数の人材を産んだことでも知られている。大野藩の洋学館跡には、「幕末の洋学館に遊学した人々」という石碑があり、越前の諸藩をはじめ、全国各地から集まった秀才たちの名前が刻まれている。その中には緒方洪庵の次男、三男の名前もあり、洪庵が自分の息子たちの教育を洋学館に委ねていたことがわかり、興味深い。

写真３　台地の上にそびえる大野城　近年、天空の城として有名になった

荒島岳

大野盆地のすぐそばに、日本百名山の一つ、荒島岳（１５２３ｍ）がそびえている。三角形をした秀麗な独立峰で、市内からよく見え、大野富士とも呼ばれている。福井県では唯一の百名山である。全国的にはほぼ無名な山だから、なぜこの山がと不思議に思う人がほとんどだが、これは『日本百名山』の著者・深田久弥の、郷土愛の表れだと思えば、理解できる。深田の出身地は隣接する石川県の大聖寺町（現在の加賀市）だが、進学したのは旧制の福井中学（現在の藤島高校）であり、彼が最初に登ったのも、両者の県境にそびえる山々であった。したがって深田にとっては、福井県は郷土に準じる県であり、日本百名山に一つは入れたいと考えたようである。深田は福井県から選ぶ一山を、能郷白山にするか荒島岳にするか、迷った末、荒島岳にしたと書いている。最後は深田個人の好みが表れたということであろう。

福井県

4

地質の世界標準となった水月湖の湖底堆積物

細かい縞々模様の不思議な地層は、
奇跡的な条件が重なってできた！

三方五湖

福井県の若狭湾の東部に面して若狭町という町がある。ここには三方五湖と呼ばれる五つの湖があり、風光明媚なことから、若狭湾の切り立った海岸と並んで若狭湾国定公園を代表する景勝地となってきた（写真1）。不思議なことに、五つの湖は性格が大きく異なっており、真ん中にある水月湖と海に近い日向湖は水深が34ｍ、38.5ｍと深いのに、一番山側にある三方湖は5.8ｍ、東側にある菅湖は13ｍ、久々子湖は2.5ｍとひどく浅い（図1）。

図1　水月湖

写真１　三方五湖

7万年分もの正確な記録

このうち水月湖では（写真２）、１９９３年から湖底堆積物のボーリングが始まり、２００６年には厚さ73ｍもの堆積層が採取された。不思議なことに、ここの地層は細かい縞々模様をしており、研究の結果、縞々は1年に1層ずつ溜まってできたことが明らかになった。春から夏にかけては珪藻などの有機物が堆積するため黒い部分ができ、冬場は飛来した黄土や粘土分などが堆積するため、白い部分ができる（写真３）。両者を合わせて1年分である。平均すると、1年にわずか0.7㎜という厚さだが、1年ごとにできる縞模様であるため、「年縞（ねんこう）」と呼ばれるようになった。年縞を調べれば、たとえば過去に洪水の起こった年がわかるし、大きな地震や遠くで起こった火山の噴火が何万年前に起こったのかも正確に知ることができる。水月湖では湖底から45ｍまでの部分だけで7万年余りの記録が保存されている。このためこ

写真２　水月湖

写真３　年縞の一例

この年縞は2012年、正確な地質年代を記録したモノサシ、つまり世界標準と認められた。

これまでの^{14}C年代測定と違って、年縞は年単位まで正確に測ることができるので、たとえば、大噴火でシラス台地を作り、鹿児島湾を陥没させた、姶良丹沢軽石（パミス）の噴出年代は、発見当初は2万1000年とされていたが、水月湖の堆積物に含まれる姶良丹沢パミスの年代から、およそ3万年前と改められた。

奇跡的な条件が重なって

水月湖で年縞が堆積するまでには、いろいろな条件が奇跡的に積み重なってきたことがわかる。

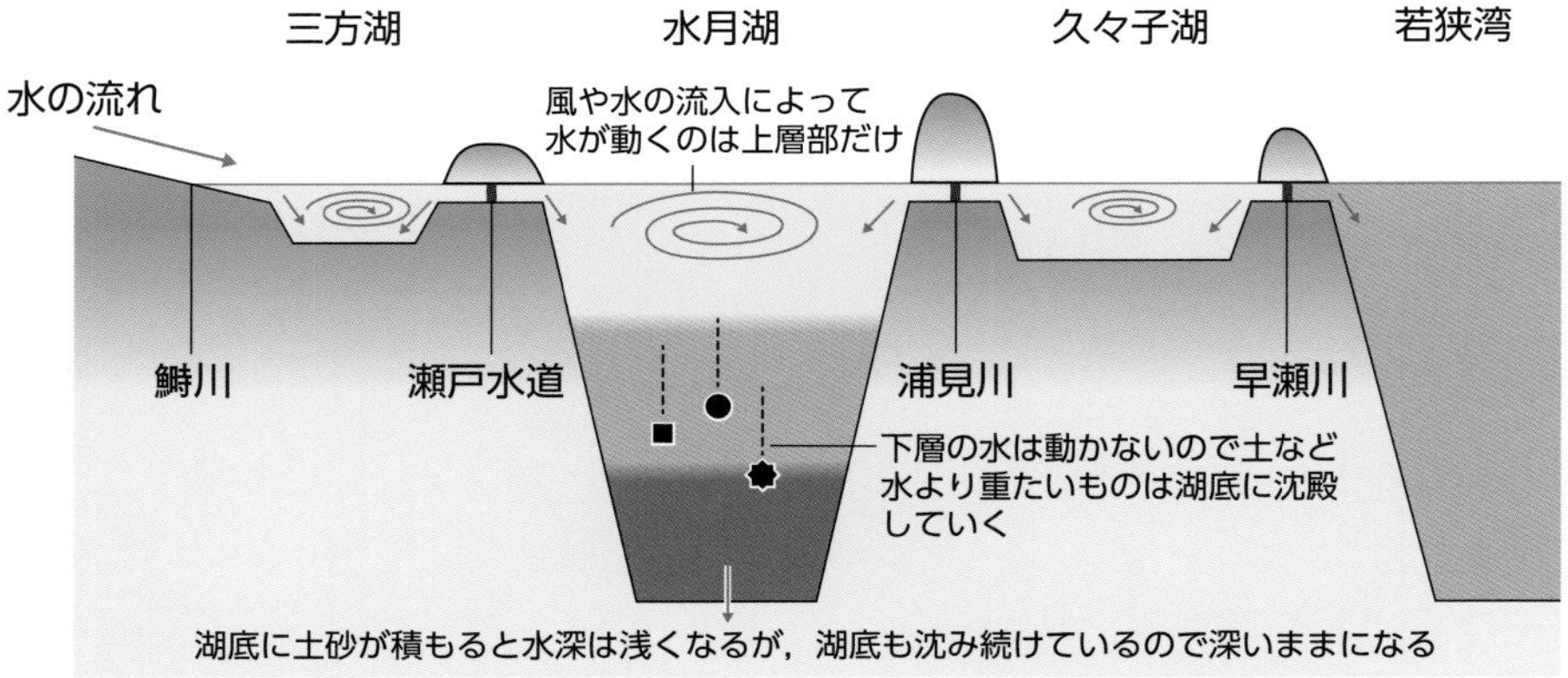

図2　水月湖の年縞保存の環境　若狭三方縄文博物館『世界のものさし 水月湖年縞』を参考に作成

まず山側からやってくる洪水や土砂は、上流側にある三方湖で食い止められ、逆に海からの津波は海側にある日向湖や久々子湖で止められる（図2）。また水月湖では下層に海水が溜まっていて重いため水の循環がない。このため、湖底に近い部分は酸欠状態になっていて、そこには底生生物はいない。おかげで湖底を這って歩く生物に年縞が乱されることはない。

　さらに西側の深い湖と東側の浅い湖の間には断層が通っていて、西側の湖だけが沈降している。このためこちらでは堆積物が溜まっても湖が浅くなることはないのである。

　問題は、五つの湖がなぜ形を保っていられるかということである。7万年もの間には、2万年前の最終氷期のピークが含まれている。当時、海面は130mくらい下がり、若狭湾自体がほぼ陸化していた。したがって三方五湖も海から遠く離れた山の中の湖沼群となっていたはずである。この時、なぜ個々の湖を隔てる境界が壊れなかったのか、不思議としかいいようがない。地質から考えると、湖と湖の間にはチャートという硬い岩石が分布していて、お互いを隔てているように見えるので、私はこれが効いていると考えているが、謎はまだ解けていない。

　2018年9月には、長さ45mもの年縞をすべて観察できる年縞博物館も完成した（写真4）。きれいな年縞の間には、たとえば姶良丹沢軽石が20cmくらいの厚さで堆積しているのが見える。姶

写真４　年縞展示館と展示された資料

良カルデラ（現在の鹿児島湾）からはるばる飛んできてこの厚さなのだから、噴火の激しさが想像できようというものである（ちなみに鹿児島湾の周辺では、この時の噴火で100ｍを超える厚さの軽石が堆積し、台地を作った。それがシラス台地である）。縞模様を見ながら、いろいろな謎解きに挑戦してみてはいかがだろうか。

冬子うなぎ

若狭湾は越前ガニの産地として有名だが、三方五湖の一つ久々子湖はかつてうなぎの名産地として知られていた。これを冬子（ふゆこ）うなぎと称し、食通が遠くから食べに来たのだそうである。なぜ冬子うなぎだったのか。実は久々子湖を毛筆で縦に書くと、久々がつながって冬という字になってしまう。間違えて皆が冬子うなぎと呼ぶようになったため、その名前が定着したのだそうである。昔の人はこういう冗談をよくやったが、うなぎは今でも採れているそうだから、よかったらどうぞ。

5

岐阜県

美濃三河高原に杉原千畝の故郷を訪ねる

「千畝」という名の由来を調べてみたら、意外な事実が明らかに！

偶然、千畝の故郷へ

杉原千畝(ちうね)といえば、第二次世界大戦中、ナチスに迫害されたユダヤ難民に日本への通過ビザを発給し、6000人ものユダヤ人の命を救った外交官として知られている。彼の故郷について私は何も知らなかったが、十数年前、美濃三河高原で観察会を行っていた時、バスが道を間違えて坂道をどんどん上がってしまったため、たまたま行きつくことができた。岐阜県南部の木曽川のすぐ北にある八百津(やおつ)町の北山という小さな集落である。

図１　杉原千畝記念館

写真１　北山の棚田

美しい棚田

なだらかな美濃三河高原上に浅くたわんだ谷間があり、そこに棚田百選にも選ばれた美しい棚田が展開していた（写真１）。縁のやや急な部分のみ石垣の棚田になっていて（写真２）、あとは土坡（土堤）の棚田である。

折よく、農作業をしていた男性が「私は千畝のいとこで、千畝はここで生まれ、よく遊びに来ていた」と話をしてくれた。このため、「ああ、千畝はこんな美しいところで、生まれ、育ったのか。千畝という名前もこの棚田の景観に由来するのではないか」などと、私たちは感慨深く思ったものであった（写真３）。

別の町も名乗り

ところが話はそう単純ではなかった。彼の出生届は西隣りの町・上有知町（現在は美濃市）に出

写真２　周囲の石垣の棚田

されており、このため上有知町では、わが町こそ千畝の出身地である、と主張しているという。実際は、千畝の母が八百津町北山の実家で千畝を産み、父親が当時勤務していた職場のあった上有知町の役場に届けを出したということらしい。真の出生地と書類上の出生地が異なっているというのはよくあることで、どちらも間違いではない。ただ父親が転勤族で勤務地が再三変わったせいもあり、千畝本人は母の実家があり、いとことも遊べた北山にシンパシーを感じていたようである。

千畝という名前はどこから？

次に千畝という名前について考えてみたい。筆者は北山の棚田の畔道（あぜみち）が何本も並行してカーブしている様子から、この珍しい名前が誕生したのではないかと空想したが、命名のいきさつはどこにも載っていない。ウィキペディアに載っている上有知町の古地図を見ると、父親が間借りしていた寺が高台にあり、そこから見下ろしたところが畑

写真３　北山地区の風景

写真４　八百津町の「人道の丘公園」に立つ杉原千畝の像と杉原千畝記念館　聖教新聞社提供

になっていて、「千畝」という地名がついている。これが千畝の名前の元になったということは書いていないが、父親がこの地名を参考にしたことはありえそうである。

ただ、ここの畑になぜ千畝という名前がついたかを考えてみると、もとは畝（うね）ではなく、面積の単位である畝（せ）（約１アール）であった可能性が高い。千畝（せ）なら100反つまり10町歩という広い畑があったということになり、実際の土地利用に合ってくる。

いずれにせよ一帯は飛騨木曽川国定公園に含まれ、景勝地が多い。二つの町をぜひ訪ねてみていただきたい。

長崎県

6

玄界灘に浮かぶ壱岐・原の辻遺跡

「日本三大環濠遺跡」の一つ。火山島の中で、なぜここだけ平野ができたのか？

壱岐と対馬

朝鮮半島と九州との間に二つの島が浮かんでいる。壱岐と対馬である（図１）。いずれの島も古くから元寇や秀吉の朝鮮出兵などさまざまな事件に遭遇してきたが、大陸との間を結ぶ島であるため、面積そのものはそれほど大きくないにもかかわらず、律令時代以降それぞれ壱岐国、対馬国として重視されてきた。しかし両者の地形や土地利用は大きく異なっている。

図１　原の辻遺跡

なだらかな地形の壱岐

対馬は山国で、古い堆積岩からなる山は険しく、

写真１　原の辻遺跡全景　壱岐市立一支国博物館提供

谷は深い。そこには水流があって、ツシマヤマネコが棲息している。しかしこれとは対照的に、壱岐はなだらかな地形で、全体が鏡餅のようなのっぺりした形をしている。これは500万年前から60万年前にかけて、島の各地で小さな火山の活動があったためで、全島にばらまくように多数のスコリア丘が確認されている。個々のスコリア丘は単成火山のように見えるが、なぜこんなタイプの噴火が起こったのか、よくわかっていない。

この島ではなだらかな火山の地形を利用して広く畑作が行われているが、島の東南部には、例外的に水田の広がる盆地状の沖積平野があり、広々とした美しい風景を作り出している。ここは長崎県では2番目の面積を持つ平野だそうで、壱岐島民の自慢の一つになっている。

日本三大環濠遺跡の一つ

水田のある地形面から5、6mほど高まった段丘の上に、原(はる)の辻遺跡がある（写真1・2）。ここ

写真２　原の辻遺跡の復元住居群　壱岐市立一支国博物館提供

は日本三大環濠遺跡の一つとされる有名な遺跡で、国の特別史跡にも指定され、重要文化財も多い。魏志倭人伝に出てくる一支（いき）国の都があったところだと推定されている。豊かな国だったことを想像させる景色だが、火山島の中でなぜここにだけ平野ができたのか不思議である。今回はその謎について考えてみよう。

縄文海進の跡

ここの沖積平野の真ん中を幡鉾（はたほこ）川が貫流している。しかし海への出口の部分はぎゅっと狭められていて、平野は巾着（きんちゃく）のような形をしている。これは出口の両側にある火山から溶岩流が流れてきたためで、それによって出口は閉塞され、盆地状の流域は一時、浅い湖になっていた可能性が高い。その後、出口が切れ、水は排水されるが、縄文海進の際には、逆に海が入り込んで盆地は浅い海に変わり、そこに泥や砂といった堆積物が溜まった。そして縄文晩期の小海退により、海は陸化し

写真３　一支国博物館

て広い干潟に変わり、その後の水田化につながっていったとみられる。いろいろ好条件が重なって、今の平野の原型ができたといえよう。

隠れ家のような地形

幡鉾川は緩やかで、盆地の真ん中付近まで船が入ることができ、そこには日本最古の船着き場があったと推定されている。しかし海側から見ると、出口は森に覆われていて狭く、中に平野が広がっているとは誰にも想像がつかない。したがって防衛のことを考えると、他に例を見ない良好な地形だったと思われる。

遺跡には復元された弥生時代の住居や建物が10棟ほどあるほか（写真2）、当時の生活の様子を展示した立派な博物館がある（写真3）。展示には土器のほか、古代の家屋や舟の模型があり、島全体の大きなレリーフマップもあって、理解を助けてくれる。このように遺跡や博物館の見学だけでも充実しているが、せっかく遠い場所まで出かけるのだから、島の各所にある火山活動の遺物も観察すると、充実した知的観光ができる。

猿岩

その他の見どころとしては、島の西側に突き出した岬に、猿岩と呼ばれる「そっぽを向いた猿」

そっくりな岩がある（写真４）。本当によく似ていて、よくこんな形になったものだと呆れるしかないが、でき方としては、貫入してきた流紋岩質のマグマが固まって硬い岩になり、波の侵食に抵抗してこんな地形を作り出したようだ。

地学現象としては、白い流紋岩の岩体の間に黒い玄武岩の岩脈が貫入してきた「初瀬の岩脈」というものがあり（写真５）、島の北端の勝本には堆積岩のきれいな縞模様が海岸の崖に露出している。島の歴史を物語るものとしては、元寇の時に戦い、戦死した守護代少弐資時（しょうにすけとき）の墓や、江戸時代の「鯨組」の史跡がある。また「壱岐」という上品な味の焼酎もある。こちらにもぜひ足を伸ばしていただきたい。

写真４　猿岩

写真５　初瀬の岩脈　中央の黒い出っ張りが玄武岩の岩脈

7

大分県

「荒城の月」のモデル!? 石垣のみごとな岡城

巨大な城は、9万年前にできた台地の上に造られた!

「荒城の月」

近年は城もブームなようである。テレビでも戦国時代や江戸時代の有名な城だけでなく、たとえば古代の朝鮮式山城といった類の珍しい城も紹介してくれるようになった。うれしいことである。今回はたまたま見る機会のあった大分県竹田市の岡城を取り上げたい（図1・写真1）。竹田市は阿蘇山のすぐ東に接する町で、「荒城の月」の作曲者・滝廉太郎が幼少期を過ごした町として知られている。また日本画家の田能村竹田、日露戦争の際、軍神になった広瀬武夫の出身地でもある。

「荒城の月」は、滝が故郷の岡城を思い浮かべて作曲したものとされ、岡城址にはそれにちなんで

図1　岡城

写真１　岡城のみごとな石垣

写真２　滝廉太郎の像

滝の銅像が立っている（写真２）。一方、「荒城の月」の歌詞は仙台出身の土井晩翠（ばんすい）が作詞したもので、曲想は伊達氏の居城・仙台の青葉城にちなむものとされている。過去に栄華の時代があったことを、現在の寂しい景色を見て思い起こすという、古風な歌詞に重々しい旋律がついた名曲である。

明るく巨大な城跡

このように「荒城の月」は歌詞から考えると、

岡城のことを歌ったものではないのだが、私の頭の中では両者が混在してしまった。「垣に残るはただかづら、松に歌うはただあらし」などという歌詞から、まさに荒れた城跡というイメージをもって岡城を訪ねたのだが、上がってみて驚いた。そこには明るく巨大な城の跡があった。この城は天神山という標高325mの山の山頂にあり、城の比高は95mに達する。面積も広く、東西は2500m、南北は362mに達し、23万㎡もあるという。残念ながら建物はすべて破却されて存在しないのだが、山の上にとんでもない広がりを持つ城跡があったのである。

写真３　阿蘇４火砕流の溶結凝灰岩

阿蘇４火砕流の台地

この城があるのは、実は９万年前に阿蘇山から流れてきた「阿蘇４火砕流」（写真３）が作った台地の上である。古い台地が周囲から川の侵食によって削り取られ、急な崖に囲まれた細長い台地ができた。その上に城を築いたというわけである。最初は鎌倉時代初期に地元の緒方氏が築き、南北朝時代に大友氏の支族であった志賀氏が拡張した。戦国時代になると、島津氏が薩摩から九州の半ばまでを手に入れて攻勢を強め、それまで北九州の覇者だった大友氏は退勢に追い込まれた。しかし志賀氏は、攻め上がってきた島津軍の猛攻を、再三にわたりこの城で凌いだという。その後、大友氏は滅び、秀吉の時代になるとここには中川氏が封じられ、大規模な改修を行って現在の規模にした。7万石という小大名の城にしては分不相応に巨大な城だといえよう。惜しいことに1873（明治6）年の廃城令によって城は破却されるが、みごとな石垣は残されていて、過去の立派さを偲ばせる。石垣の石は阿蘇4火砕流を構成していた溶結凝灰岩を切ったり、割ったりしたもので、角の部分にはきちんと整形した石が使われている。各門の石もみごとなものである（写真4）。

写真4　大手門の石垣

優美な本丸の石垣

城は正門を入って一周してくるだけで1時間はかかる。三の丸、二の丸と上がっていき、最後に本丸に出る。そこに滝廉太郎の像がある。本丸の南を囲む石垣は高さ10mを超え、優美な曲線を示す（写真1）。

本丸からはくじゅう連山の全体を遠望することができる。また山麓には竹田の市街地があり、武家屋敷がよく残っている。併せてご覧になるといいと思う。

8

大分県

美しい磨崖仏に秘められた謎 豊後大野市

1000 年前に彫られた仏像が、
なぜきれいなままで残されているのか。

おおいた豊後大野ジオパーク

大分県の南部に豊後大野という市がある。西に阿蘇山とくじゅう連山、北に別府と湯布院の温泉、南に高千穂渓谷、東に臼杵磨崖仏（うすきまがいぶつ）、といった有名観光地に囲まれたところである。一見何もないように見える場所だが、山に囲まれたこの市にも美しい磨崖仏や滝、峡谷、たくさんの石橋があり、温泉もあって周囲に決して引けをとらない。ここもジオパークになってようやく世にデビューした。今後に期待したい。

美しい菅尾磨崖仏

私がまずお勧めしたいのは、菅尾磨崖仏である（写真1）。平安時代の末に彫られたものだが、仏の

図1　豊後大野市

写真１　菅尾磨崖仏

顔は女性的で優しく美しく、色や形も創建当時の姿をよく残している。１０００年も前に彫られた磨崖仏が、なぜこんなにきれいなまま残されているのだろうか。

おおいた豊後大野ジオパークの研究者がこの謎に取り組み、摩崖仏が彫られているのは、９万年前に阿蘇山から噴出した阿蘇４火砕流の堆積物で、とくにその最下部にあたることを明らかにした。厚さ100ｍを超える火砕流の堆積物は、高温のため硬く溶結（ようけつ）して、中央部は柱状節理になっている。しかし最下部は流れる時に地表面に触れて冷やされ、温度が低くなったために、軽石が弱く固結しただけで済んだ。平安時代の仏師は野外を歩き回って、そういう軟らかい岩盤を探し出し、そこに像を彫ったのである。

ただし地質の境目だから、場所が悪いとそこか

写真２　普光寺の磨崖仏

ら地下水が滲み出して、冬場に凍ったり解けたりを繰り返し、像の表面を壊してしまう。したがって場所の選定はけっこう難しい。菅尾磨崖仏は幸い良い形で残っているが、隣接する臼杵市の国宝「臼杵摩崖仏」のほうは残念ながら、像の基部が凍結でかなり損傷してしまった。

両者の顔の違いも面白い。穏やかで優雅な菅尾磨崖仏と比べると、臼杵の磨崖仏は顔が四角で身体もがっちりしており、まさに男性的である。作った仏師が違うからだろうが、なぜこんな違いが生じたのか不思議である。

実は市内には、他にも優雅な面立ちの磨崖仏があり、逆に恐ろしい顔つきの磨崖仏もある。いろいろ考えながら、見て歩くと面白い。

なお場所によっては、写真２に示した普光寺（ふこうじ）の磨崖仏のように、火砕流の境目ではあるが、粒子の細かい阿蘇３の溶結凝灰岩のほうに石仏を刻み込んでいるケースもある。写真の上部は阿蘇４の溶結凝灰岩だが、粗い火山礫が多く混じっているため、石仏には利用されていない。

写真３　原尻の滝

小ぶりなナイアガラの滝

私が推す二つ目は、ナイアガラの滝を小ぶりにしたような、馬蹄形をした美しい滝である。「原尻の滝」といい、広い氾濫原を蛇行して流れてきた流れが突然、滝になって20ｍ落下する（写真３）。滝の上流に広がる氾濫原は、阿蘇４火砕流の上部にあたる軟らかい部分が侵食で削り取られ、下の硬い柱状節理の表面が露出してできたもので、その柱状節理が下方からの侵食によってさらに削られてできたのが、原尻の滝である。滝ができるのにもちゃんと訳がある。滝の上の流れの中には大きな鳥居が立っている。ご神体は滝そのもので、祭りは広がった川の中を神輿が動く勇壮なものだという。

みごとな石橋も

ここにはみごとな石橋もたくさんある。石橋は

写真４　石橋　手前が轟橋、奥が出会橋　高さに驚く

阿蘇４火砕流から石材を鋸で切り出し、それをアーチ型に組み合わせたもので、中には30mを超える深さの谷をまたいで造られた立派なものもあり（写真４）、その技術には驚かされる。この辺りの石工は肥後（熊本県）の石工に代表されるが、豊後の石工も決して引けをとるものではない。市内には115もの石橋があり、これは日本最多だそうである。

豊後大野市や竹田市、湯布院町辺りには、磨崖仏や石仏の他、石垣、石畳など、阿蘇の火砕流堆積物である溶結凝灰岩を利用した「石の文化」が溢れている。また太鼓縁起などの郷土芸能も盛んである。

また南に少し行くと、祖母山（そぼさん）や傾山（かたむきやま）、大崩山（おおくえやま）といった、魅力的な険しい岩峰を擁する山がいくつもある。かなり危険なところもあり、登山には注意が必要だが、日本にはこんな山もあるのだということを知るだけでも意味があると思う。

新しい日本風景論
── 自然の新たな魅力とその楽しみ方 ──

日本の風景について論じた本としてまずあげられるのは、志賀重昂（しげたか）の『日本風景論』であろう。この有名な本は日清戦争のさなかの1894年に出てベストセラーとなった。わが国ではウェストンの『日本アルプス』と並んで、日本山岳会発足のきっかけになった書物として知られている。この本の特色は、イギリスのラスキンの著作を読んで、尖峰や氷河、湖、峡谷、湿原などの美を知った志賀が、それを日本に置き換えて、日本の風景の素晴らしさを論じた点にある。

それ以前のわが国においては、「日本三景」、「近江八景」などといった、水があり、霞がかったような景色が美しいものであった。そのため明治初期にスイスを訪ねた岩倉使節団の記録を見ると、湖だけは美しいと思ったようだが、切り立った岩峰や氷河については、奇、絶、怪と表現しており、すぐにはなじめなかった様子がうかがえる。

志賀はさらに、日本で美しい風景のできた条件として、日本では気候・海流が多様であること、水蒸気が多いこと、火山岩が多いこと、流水の侵

写真１　キタダケソウ

食が激しいこと、の四つをあげ、それぞれがどのような風景を作り出しているかを論じた。こういう自然の見方は現在なら当たり前であるが、当時はそれまでにない斬新な視点であった。その頃は学校の地理教育でも、日本にはこんな平野や山や川がある、ということを教えるだけにとどまっていたのである。

20世紀に入る頃からわが国でも自然に対する関心が増し、各地で天然記念物や名勝の指定が行われた。また１９３１年には国立公園法が施行され、１９３４年には国立公園の指定が始まった。これにより上高地や大雪山、十和田湖などが美しい風景であるという認識が定着する。ここまでが日本の自然や国立公園をめぐる、大ざっぱな流れである。

しかし70年ほどの間をおいて、21世紀に入る頃から、日本の自然をめぐって新しい動きが始まった。世界自然遺産の認定、ユネスコ世界ジオパークや日本ジオパークの認定、ユネスコエコパークの認定、新たな国立公園の指定や分離独立などが

写真２　北岳の石灰岩地域

それにあたる。たとえばここ10年ほどの間に、知床や小笠原が世界自然遺産の仲間入りをし、糸魚川や隠岐がユネスコ世界ジオパークになった。また白山や白滝は日本ジオパークに、只見や南アルプスはユネスコエコパークに認定された。さらに尾瀬国立公園が日光国立公園から分離独立し、慶良間諸島や奄美群島も国立公園になるなど、国立公園は29から34か所に増えた。

その背景には世界的な観光ブームの到来があるが、もう一つ大事な条件として、ここ30年ほどの間の自然研究の進展をあげることができる。たとえば、南アルプスの北岳の山頂部にはキタダケソウという清楚な花をつける高山植物が生育している（写真１）。調査の結果、この植物の生育する場所は石灰岩地に限られていることがわかってきた（写真２）。

ところが地質学の進歩で、この石灰岩は１億年以上も前に南太平洋のイースター島付近で堆積したものが、太平洋の底をゆっくりと移動し、日本海溝の底まで到達したところで日本列島の地下に

写真３　神子島のどら焼きを重ねたような形の岩

差し込まれ、その後、山脈の隆起に伴って北岳の山頂部に露出したということが明らかになった。つまりキタダケソウは、１億年以上の長い自然の歴史を背負って育っているということである。何だか、風が吹けば桶屋がもうかる、を壮大な規模に拡大したような感じだが、このような自然の「つながり」が全国各地で見出されるようになってきた。ジオパークではこうしたつながりを積極的に解説に取り入れている。

観光地に行くとよく、あの岩は亀岩といいます、とかいった類の説明がある。面白くもなんともない説明で、残念ながら観光地の大半はまだこのレベルにとどまっている。しかしジオパークの場合、ガイドがこの岩はいつ頃堆積した岩で、なぜここにあるかを説明してくれるし、その上で、なぜ亀のような形になったかを解説してくれる。このような解説は、ただ亀岩です、という説明よりずっと面白いし、日本の自然についての理解も進む。

もう少し具体的な例をあげてみよう。佐渡島は一般的な認識では、依然として流人と金山とトキの島でしかない。しかし世界ジオパークとしての佐渡島は、２０００万年余り前、朝鮮半島の東に位置していた日本列島が、大陸から分かれて移動し始めたことから話が始まる。これによって大陸が割れ、跡に日本海ができるが、その際、割れた海底からマグマと熱水の貫入があり、それが佐渡金山の鉱脈の元になった。こういう説明を聞いた来訪者は驚き、佐渡に対する認識を新たにするだろう。

また大佐渡山脈の金北山付近では、斜面を駆け上がる気流が霧を発生させ、それがブナ林の代わりに特異なスギ林を育てたという説明があり、これにより佐渡島の新たな魅力が発見されることになった。また冬の強風と雪は、カタクリやオオミスミソウ、キクザキイチゲ、ザゼンソウなどの豊かな春植物の群落を育み、5月の連休明けくらいの時期には多くの植物愛好家が金北山付近を訪ねるようになった。他にも小木海岸には江戸時代の地震で隆起した海食台があり、それによってつながった神子島には、どら焼を重ねたような変わった岩があるが（写真3）、これも大陸から分かれる時に海底すれすれで固まったものである。

私はこのような「つながり」を重視する観光を知的観光と名づけている。この新しい観光では、参加者が頭を使って考えることに特色があり、その点で従来の観光とは一線を画している。残念ながら、こうした観光を楽しむことのできるのはまだ一部のツアーに限られているが、知的好奇心の旺盛な中高年や外国人観光客を中心に近年、徐々に広がりつつある。本紙の読者の皆さんにも、ぜひこうした新しい観光を楽しんでほしいと思う。

おわりに

お読みいただき、ありがとうございました。風景の謎を解く試み、楽しんでいただけたでしょうか。けっこう頭を使うので、難しいと思った方もおられるかもしれません。でも一方で、話をお読みになって、「ほー、そうだったのか」と、喜んでくださった方も多いのではないかと想像しています。

この本を書くきっかけになったのは、聖教新聞社の文化部に勤めている河野一弘さんからの執筆依頼です。彼は大学時代、私のゼミに所属しており、卒業論文では奥武蔵の山地の一角にあたる、埼玉県飯能市の顔振峠付近の地すべりでできた地形と、湧水と地下水や土地利用との関係を調べました。彼は聞き取りが上手で、井戸の持ち主と水をもらっている家との間に上下関係が生じていることなど、住民の皆さんからいろいろ興味深いことを教わってきて、それを論文にまとめました。

そんな関係から、彼は新聞記者になってからも、ゼミのOB会に参加して、取材の際の楽しみや苦労などを話してくれることがよくありました。ところがそれを喜んで聞いているうちに、話が私あてに変わって、この本で扱ったような、ちょっと気がつかない風景の謎について原稿を書いてほしいという執筆の依頼になってしまいました。ちょっと躊躇しましたが、月に1本程度ですから、それほど負担ではないと思い、引き受けることにしました。

一方、これに先行して、ベレ出版からも面白い地理の本を書いてくれという依頼があったので、これ幸いと、新聞の連載を大幅に書き直して本にまとめることにしました。こうしてこの本ができたわけです。新聞の連載には「知的観光のすすめ」という、ちょっと上品なタイトルがついていました。こういう頭を使う観光を扱った記事はそれまでほとんどなかったせいか、連載は意外に好評だったようです。

時には間違いの指摘もいただいたりして、私としては楽しく連載を続けることができました。河野さんと聖教新聞社、読者の皆さんに心から感謝します。本の編集に当たられたベレ出版の森岳人さんにも感謝します。また小池忠明さんをはじめとするスプリングクラブの皆さんには、一緒に旅行をしていただくことが多く、知的・経済的な面を含めてすっかりお世話になりました。

「はじめに」で書いたように、この本で紹介した事例は、地形・地質からジオパーク、湧水、植物、文化財など多岐にわたっています。大きくくくると、地理学の中の「地生態学」という分野になります。地形・地質と植生分布の関わりなどを研究する分野です。私自身としては、近代地理学の開祖とされるアレクサンダー・フォン・フンボルトの研究に、最も近いことをやっているという心積もりでいるのですが、世の人々が細かい話ばかりを重視するようになってしまったので、なかなか理解が得られず、苦労しています。

別の見方をすると、ここで紹介したような話は、「観光地理学」という分野に属することになります。観光はわが国でも近年、重要性が増していますが、世界的にも同様で、たとえばフランスやドイツ、イギリスといった国々では、田舎の素朴な風景を楽しんだり、牧場や畑で農家の方と一緒に農作業をしたりするというような、参加型の観光が注目されています。こういう観光をルーラル（田舎の）ツーリズムといい、わが国でも棚田での田植えや稲刈りのような作業を取り入れた観光が増えつつあります。この本でも少しだけルーラルツーリズム的なテーマに触れました。

難しい話はこの程度にしましょう。読者の皆さんには、まずは現地にこの本を持って行っていただき、現場がどうなっているか確認することをお勧めします。そして私の推論をなぞってみてください。ここで紹介した地形・地質をベースに自然の成り立ちを考えるという自然の見方は、最初は難しいかもしれませんが、慣れてくると、決して難しいものではないことがわかると思います。またどのテーマにも、ただこうでした、ということだけでなく、へー、と思われるように「ひねり」を必ず入れてあります。それをぜひ楽しんでいただきたいと思います。

本書の出版に当たり、小池忠明さんや菊川忠雄さんなど、何人かの方から写真を提供していただき、各地の博物館からも写真や図を貸していただきました。改めて御礼申し上げます。

ついでで申し訳ないのですが、本書の類書に『観光地の自然学　ジオパークで学ぶ』（古今書院）があります。伊豆半島、昇仙峡、南紀州、室戸岬、英彦山、丹後半島、立山、佐渡島、岩手山などの自然のでき方を詳しく紹介しています。こちらもぜひご覧ください。

なおグループで自然観察を行ったりしている皆さんの中には、現地で私の説明を聞きたいと思われる方がおられるかもしれません。その場合、それほど高くない値段で講師をお引き受けすることも可能ですので、ベレ出版の担当者・森岳人さんにハガキでご連絡ください。私からご返事します。ではよろしくお願いします。

小泉武栄

著者紹介

小泉 武栄（こいずみ・たけえい）

▶1948年、長野県生まれ。東京大学大学院博士課程単位取得退学。理学博士。
専門は自然地理学、地生態学。現在、東京学芸大学名誉教授。
著書に、『日本の山ができるまで』（A&F 出版）、『地生態学からみた日本の植生』（文一総合出版）、『山の自然学』（岩波新書）、『日本の山と高山植物』（平凡社新書）など。

◉── カバーデザイン　竹内 雄二
◉── 本文デザイン・DTP　川原田 良一（ロビンソン・ファクトリー）
◉── 図版　藤立 育弘
◉── 校閲　曽根 信寿

日本の自然風景ワンダーランド　**地形・地質・植生の謎を解く**

2022年 8月 25日　初版発行

著者	小泉 武栄
発行者	内田 真介
発行・発売	ベレ出版 〒162-0832　東京都新宿区岩戸町12 レベッカビル TEL.03-5225-4790　FAX.03-5225-4795 ホームページ　https://www.beret.co.jp/
印刷・製本	三松堂株式会社

ISBN 978-4-86064-701-8 C0025　　編集担当　森 岳人